目次

JN124722

1 はじめに

本書「オシロスコープ超入門」に関心をもっていただいたということは、下記のような疑問や不安をお持ちなのではないでしょうか。

・つなぎ方を間違えると壊れるのでは。誤って壊してしまわないか不安。
・使ったことのない機種になるとさっぱり使い方がわからない。
・見よう見まねで使ってはいるが、基本的な知識を再確認しておきたい。
・取扱説明書を見ても専門用語が多くてよく分からない。

オシロスコープに限らず、どんな測定器でも使えば覚えますし使わなければ忘れてしまいます。オシロスコープは昔に比べて安くなったとはいえ、ハンディのマルチメータなどと比べるとまだまだ高価な測定器です。破損することを恐れて使うのを躊躇しているようでは、慣れるのに時間がかかってしまいます。
本書で、オシロスコープの基本的なしくみさえ学習していただければ、あとは怖がらずどんどん使って慣れるだけです。

個々のオシロスコープの操作方法は、お使いの取扱説明書をご覧いただく方が良いでしょう。本書はどんなオシロスコープを扱う上でもベースとなる知識を身に付けていただけるよう構成しました。また、各ページに掲載された QR コードによる参照リンクをご活用ください。

参照リンク

QR コードは WEB 参照リンクです。
スマホで読み取ると、参考ページや参考ビデオを見ることができます。
PC で PDF を閲覧している場合は、QR コードをクリックすると、ブラウザが開きリンクページにジャンプします。

オシロスコープ（oscilloscope）＝ 振動（oscillation）＋見る道具（scope）
その名称が表しているように「振動を見る道具」です。
オシロスコープで見ることができるのは「電気的な振動」なので、電子機器や電気
通信などのあらゆる電気信号を観測することができます。また、自然界の物理量は
電気信号に変換可能なので様々な現象を観測することもできるのです。

自然界の物理量		変換装置		変換後
速度（回転）	→	エンコーダ	→	
重さ	→	ひずみゲージ	→	すべて
音	→	マイク	→	電気信号
明るさ	→	フォトセンサ	→	

電圧計や電流計、マルチメータは変化のない電気量を計測することは可能ですが、
高速で変化する電気信号を計測することはできません。電圧計に時間軸を追加し、
信号の変化をとらえるために作られた計測器がオシロスコープです。

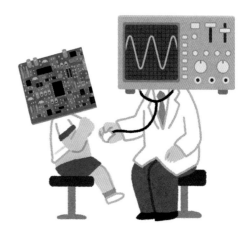

3 各部名称

フロントパネルは、メーカーや機種により配置や操作方法などが異なります。同じ
機能なのに名称が異なる場合もあります。しかし、基本的な機能はほぼ同じですし、
ボタンやノブの配置は機能ごとにまとめられているので、一つの機種に習熟すれば、
他機種でもおおよそ検討がつくようになります。

ここでは各部名称の一例を紹介していますが、覚えてしまう必要はありません。名
称が無いと後々説明しにくいので掲載している程度と思ってください。

本体

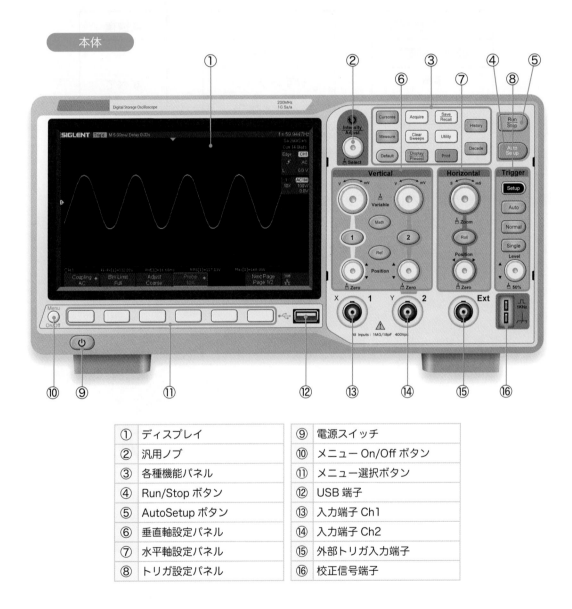

①	ディスプレイ	⑨	電源スイッチ
②	汎用ノブ	⑩	メニュー On/Off ボタン
③	各種機能パネル	⑪	メニュー選択ボタン
④	Run/Stop ボタン	⑫	USB 端子
⑤	AutoSetup ボタン	⑬	入力端子 Ch1
⑥	垂直軸設定パネル	⑭	入力端子 Ch2
⑦	水平軸設定パネル	⑮	外部トリガ入力端子
⑧	トリガ設定パネル	⑯	校正信号端子

例：SIGLENT 社　SDS1202X-E　　名称や形状は一例です。メーカーによって変わります。

プローブもオシロスコープを構成する重要な回路の一部です。

本体の入力端子が2Chあれば、プローブも2本付属しています。付属品の多くは受動プローブ（パッシブ・プローブ）です。プローブには測定対象に合わせて様々なタイプのものがありますが、本書では最も汎用性のある受動プローブを扱います。

プローブ

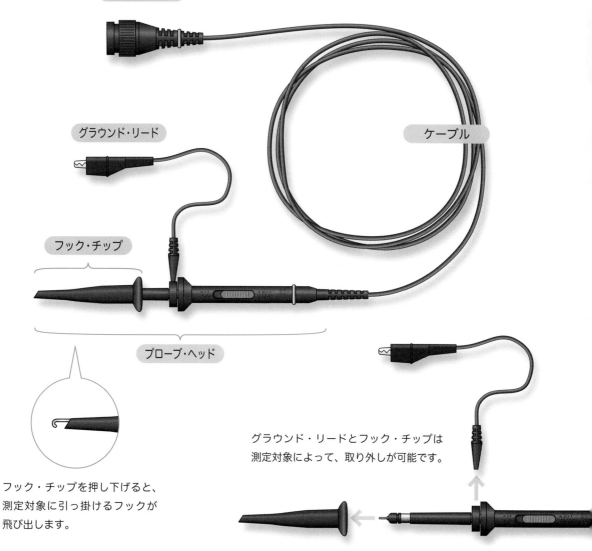

コネクタ・ベース　コネクタベースを本体の入力端子に取り付けて使用します。

グラウンド・リード

ケーブル

フック・チップ

プローブ・ヘッド

グラウンド・リードとフック・チップは測定対象によって、取り外しが可能です。

フック・チップを押し下げると、測定対象に引っ掛けるフックが飛び出します。

例：SIGLENT社　PP215　　名称や形状は一例です。メーカーによって変わります。

4 校正信号を見てみよう

多くのオシロスコープには校正信号端子が備わっており、この端子から出力されている信号を使ってプローブを校正します。まずは校正信号を見てみましょう。

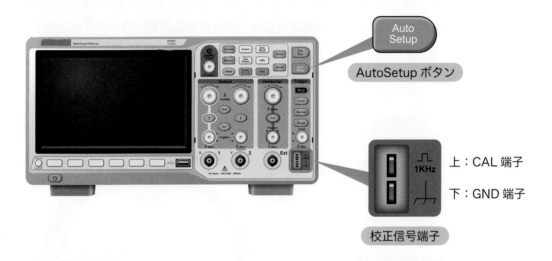

AutoSetup ボタン

上：CAL 端子

下：GND 端子

校正信号端子

校正信号の観測手順

1. プローブを本体に取り付ける。
2. オシロスコープの電源を入れる。
3. プローブのグラウンド・リードを GND 端子に取り付ける。
4. プローブのフック・チップを CAL 端子に引っ掛ける。
5. 「AutoSetup」ボタンを押す。

校正信号端子

CAL は calibration キャリブレーション、
GND は ground グラウンド の略。
左図は、上側が CAL 端子、下側が GND 端子。しかし、機種によっては左右に配置されていたり、CAL 端子しかないものもある。また、自動校正機能付きで校正信号端子そのものが無いタイプもある。

AutoSetUp ボタン

信号に合わせて、電圧レンジ、時間レンジ、トリガレベルを自動的に設定して表示する。単純な繰り返し信号は問題なく表示できるが、万能ではないため、信号によって手動で調整する必要がある。

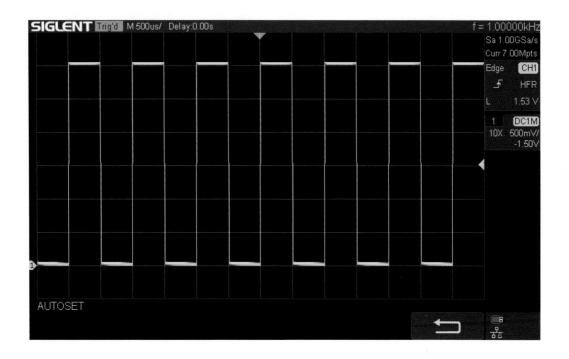

上図のような画面が表示されたでしょうか。黄色の線が信号波形です。線の色は機種や入力端子 ch によって異なります。表示された信号から何が読み取れるでしょうか。

まず、このような形の波形を「矩形波（くけいは）」といいます。その他の波形については次ページ「波形の種類」をご覧ください。

波形の種類

直流と交流

電流の流れる向きである＋と−が入れ替わることがない電流を「直流」、
　　　　　　　　＋と−が交互に入れ替わる電流を「交流」といいます。
分類すると次のようになります。

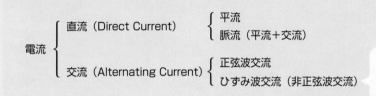

電流 ┤
　　　直流（Direct Current） ┤ 平流
　　　　　　　　　　　　　　　脈流（平流＋交流）
　　　交流（Alternating Current） ┤ 正弦波交流
　　　　　　　　　　　　　　　　　ひずみ波交流（非正弦波交流）

> 正弦波以外はすべてひずみ波である。
> ひずみ波は複数の正弦波の合成で作り出すことができる。

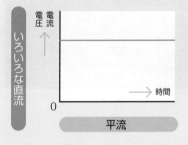

平流

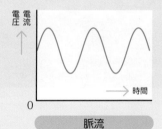

脈流

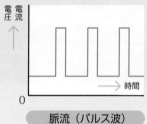

脈流（パルス波）

> 上記例の脈流は、−側の電圧変化がないため直流に分類される。
> しかし、交流に直流が合成された波形なので、直流成分をカットすれば交流に分類される信号となる。

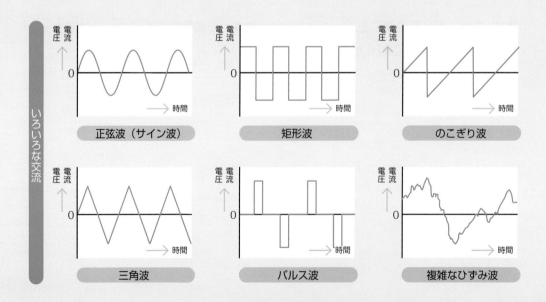

正弦波（サイン波）　　　矩形波　　　のこぎり波

三角波　　　パルス波　　　複雑なひずみ波

交流波形を表す要素

周　期　事象一回の循環を 1 周期とし、1 周期の時間。単位は秒 [s]

周波数　1 秒間に繰り返される波の数。 周波数＝ 1/ 周期。単位はヘルツ [Hz]

波　長　1 周期の波の長さ。単位はメートル [m]
ミリ波やセンチ波は、波長が 10^{-3}m（mm）や 10^{-2}m（cm）なのでそのように呼ばれる。

振　幅　波の＋方向の振れ幅。単位は電圧 [V]

位　相　1 周期を 360°(2π) として波形のズレを表す。
単位は度 [°] またはラジアン [rad]

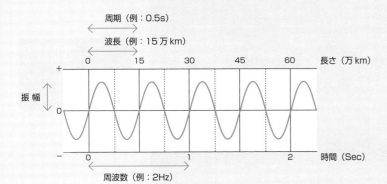

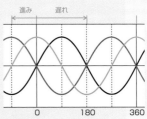

黒色の信号を基準（位相 0°）とすると
水色は位相が 90°進んでいる
青色は位相が 180°遅れている
　　　＝ 180°進んでいるともいえる

交流波形の波長

電流は導体の中を光と同じ 1 秒間に 30 万 km ＝ 3×10^8m で伝わります。
（波長 λ ）＝（速度 v ）÷（周波数 f ）の関係があるので
2Hz の交流の波長は

　　　$v = 3 \times 10^8$m/s

　　　$f = 2$Hz　より

波長 λ ＝（3×10^8）÷ 2 ＝ 1.5×10^8m ＝ 15 万 km と非常に長い波長となります。

一部の携帯電話で使われる電波 800MHz は、波長 λ ＝（3×10^8）÷（800×10^6）＝ 37.5cm。
800MHz 帯はおよそ 710 〜 960MHz の範囲内なので、およそ 35cm 程度とされています。

画面の縦軸は電圧を表しています。画面内の 500mV/ の電圧表示 ① は、縦軸の 1
マスが 500mV という意味です。観測波形は 6 マス分あるので 3 Vp-p です。

画面の横軸は時間を表しています。画面内の 500μs/ の時間表示 ② は、横軸の 1
マスが 500μs という意味です。観測波形の 1 周期は 2 マス分あるので 500μs × 2
= 1000μs = 1ms と読み取れます。
周期 1ms ということは、周波数 1 ÷ $(1 × 10^{-3})$ = $1 × 10^3$ = 1 kHz です。画
面例では、周波数が右上 ③ に表示されていますね。

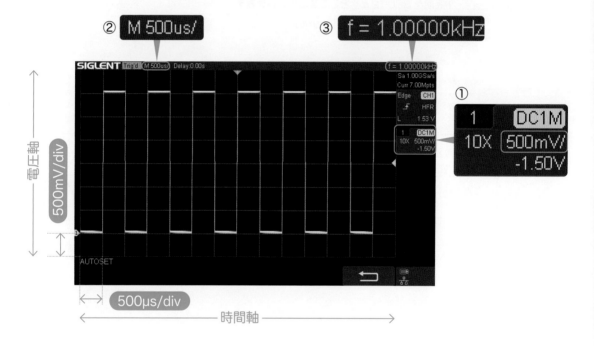

オシロスコープ画面のマスのことを div と表し、ディビジョン(division)と言います。
500mV/div は、ゴヒャクミリボルト パー ディビジョン とか ワンディビジョン ゴ
ヒャクミリボルト と読みます。

他機種でも 1div あたりの電圧や時間の表示が画面内のどこかにあるはずです。
どこに表示されているか確認しておきましょう。

Q 上記画面例の場合、画面の横軸全体で何秒分の波形が表示されているか
計算してみましょう。

答：7ms (14マス × 500us)

校正信号の仕様

校正信号は、メーカーや機種によって振幅は様々ですが、1kHz の矩形波であることがほとんどです。取扱説明書には校正信号の仕様が記載されているはずです。オシロスコープ本体の校正信号端子付近に、出力波形の種類や振幅が記されている機種もあります。

各社校正信号例

メーカー	校正信号 例	端子名
シグレント	矩形波 1kHz / 3Vp-p	Probe Comp（プローブ補償）
テクトロニクス	矩形波 1kHz / 5Vp-p	プローブ補正器出力
アジレント	矩形波 1kHz / 3Vp-p	キャリブレータ出力
横河計測	矩形波 1kHz / 1Vp-p	プローブ補償調整用信号出力
レクロイ	矩形波 1kHz / 0.6Vp-p	CAL 信号出力

画面の値と校正信号の仕様が違う？

画面から読みとった値と校正信号の仕様に違いはないでしょうか？
周波数は間違いないはずです。しかし、電圧はプローブの設定により異なる場合があります。原因は何でしょうか？

SI 接頭辞

SI 接頭辞（SI：国際単位系）を使うと、数値が大きい場合や小さい場合でも、桁数の表記を簡略化できます。

記号	読み	指数表記	十進数表記
T	テラ	10^{12}	1 000 000 000 000
G	ギガ	10^{9}	1 000 000 000
M	メガ	10^{6}	1 000 000
k	キロ	10^{3}	1 000
		10^{0}	1
m	ミリ	10^{-3}	0.001
μ	マイクロ	10^{-6}	0.000 001
n	ナノ	10^{-9}	0.000 000 001
p	ピコ	10^{-12}	0.000 000 000 001

交流電圧の表記

直流は電圧が一定なので、100V と言えばずっと 100V のままですが、交流の場合は電圧が変化します。そのため交流の電圧にはいろんな表記があり注意が必要です。

電圧値	記号	読み	意味
ピーク ツー ピーク値 尖頭値	Vp-p	ブイ ピー ピー	p-p は peak to peak の略
最大値	Vm Vp、Vpk Vamp	ブイ エム ブイ ピー、ブイ ピーク ブイ アンプ	m は max（最大）の略 p、pk は peak（頂点）の略 amp は amplitude（振幅）の略
平均値	Vmean Vave	ブイ ミーン ブイ アベレージ	mean は平均の意味 ave は average（平均）の略
実効値	Vrms	ブイ アール エム エス	rms は root mean square（二乗平均平方根）の略

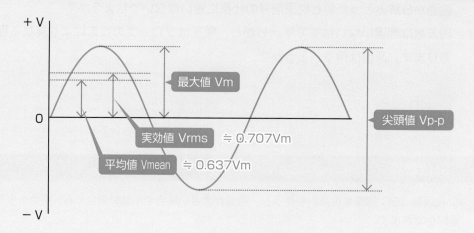

交流の電圧表記で単に「100V」とあれば、一般的には実効値 100Vrms をさします。実効値は、交流電圧の大きさを直流に換算した値です。

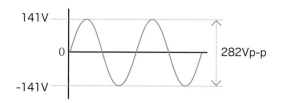

家庭用電源の 100V も実効値のことで 100Vrms です。ですから最大値は約 141Vm、尖頭値は 282Vp-p です。

最大値が Vm の時の実効値と平均値のまとめを掲載しておきます。

実効値はその名のとおり、二乗して平均化した値の平方根です。0V を中心とした交流波形の平均値は、普通に計算すると 0 になってしまうので、マイナス値は絶対値で計算します。「平均」は、実効値も平均値も下図の青く塗られた部分の面積を平にならした値です。

それぞれの導出式の説明は省きますが、興味のある方は調べてみてください。

ここでは、正弦波の実効値が 1/√2Vm（≒0.707Vm）であることだけを覚えておけば良いでしょう。

名称	波形	実効値（Vrms）	平均値（Vmean）
正弦波	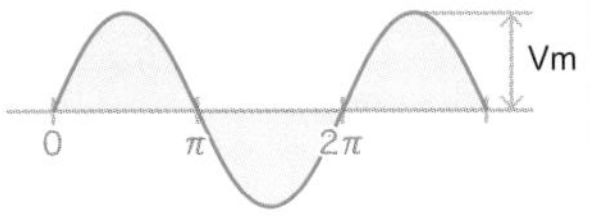	$\dfrac{1}{\sqrt{2}} \cdot Vm$	$\dfrac{2}{\pi} \cdot Vm$
半波整流波	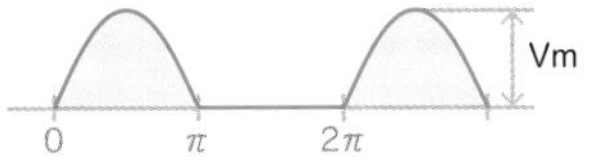	$\dfrac{1}{2} \cdot Vm$	$\dfrac{1}{\pi} \cdot Vm$
全波整流波	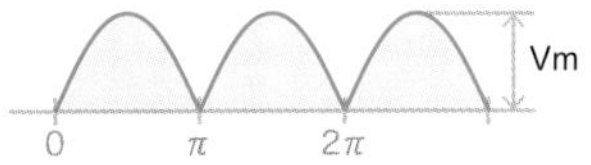	$\dfrac{1}{\sqrt{2}} \cdot Vm$	$\dfrac{2}{\pi} \cdot Vm$
三角波	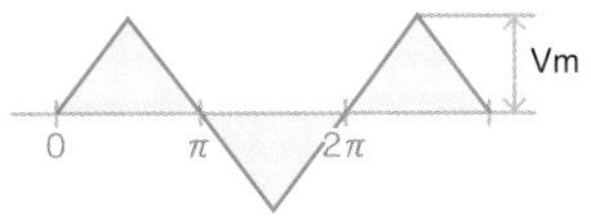	$\dfrac{1}{\sqrt{3}} \cdot Vm$	$\dfrac{1}{2} \cdot Vm$
直流	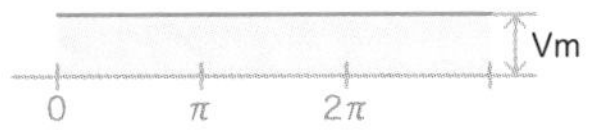	Vm	Vm
矩形波	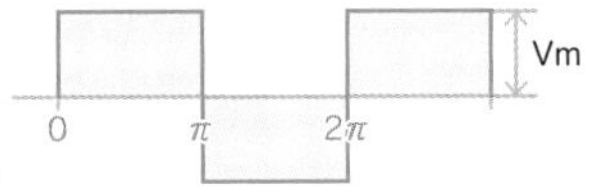	Vm	Vm
パルス	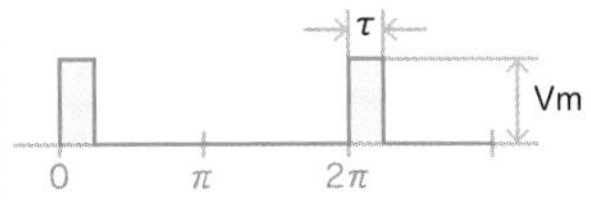	$\sqrt{\dfrac{\tau}{2\pi}} \cdot Vm$	$\dfrac{\tau}{2\pi} \cdot Vm$
パルス（$\tau = \pi$）	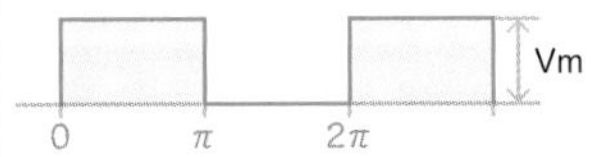	$\dfrac{1}{\sqrt{2}} \cdot Vm$	$\dfrac{1}{2} \cdot Vm$

6 プローブの減衰比

画面から読みとった電圧値と校正信号の仕様が異なる場合は、プローブの減衰比と本体の設定に不整合があります。

オシロスコープ本体に付属している標準的なプローブの多くは 1：1 と 10：1 の減衰比の切り替えが可能です。プローブヘッドにあるスライドスイッチで切り替えます。プローブの減衰比に合わせて本体側でも設定が必要です。ミドルレンジ以上の機種では、本体側の設定が自動で行われるものもあります。

プローブの減衰比の切り替え

1．プローブヘッドにあるスライドスイッチを「10X」側にする。

スライドスイッチ

2．オシロスコープ本体の設定操作は機種により異なるが、多くは垂直軸設定の Ch ボタンを押すと、プローブの倍率設定を行うメニューが表示される。メニューで「10X」を選択する。

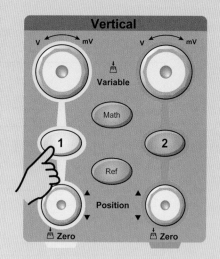

画面内の「10X」は、プローブの増幅比を表しています。

Ch ボタン	
	Ch 信号の表示 ON/OFF 切り替え。 同時に、各 Ch の設定メニューを表示 ON。

> **Q** プローブの減衰比と本体の増幅比が合っていないと、信号の大きさが正しく観測できないことを以下の問題で確認しましょう。

観測対象信号は「矩形波　1kHz　3Vp-p」とします。プローブと本体の減衰 / 増幅比が異なる時、振幅がどう変化するか考えてみましょう。以下に 1div が何 V になるか電圧レンジを書き込んでください。画面に表示される波形はどれも同じなのですが・・

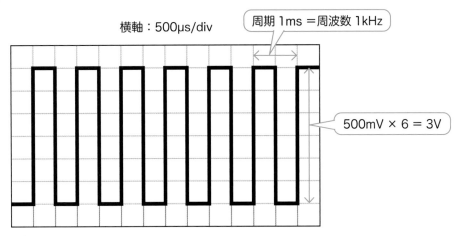

横軸：500μs/div

周期 1ms ＝周波数 1kHz

500mV × 6 = 3V

以下の組み合わせは正しい振幅が観測できます。

プローブの減衰比	本体の増幅比
1：1	×1
10：1	×10

縦軸： 500m V/div

プローブで 1 倍にした信号を本体で 10 倍すると、
振幅は 1 × 10 ＝ 10 倍になってしまいます。

プローブの減衰比	本体の増幅比
1：1	×10

☐ V/div

答：5 V/div

プローブで 1/10 にした信号を本体で 1 倍すると、
振幅は 1/10 × 1 ＝ 1/10 倍になってしまいます。

プローブの減衰比	本体の増幅比
10：1	×1

☐ V/div

答：50m V/div

7 プローブの役割と影響

プローブは単なる導線ではありません。回路が内蔵されており、オシロスコープの一部であることを認識しておいてください。

プローブには以下のように非常に重要な役割があります。

> **プローブの役割**
> ・信号を確実に本体に伝える
> ・測定物に影響を与えない
> ・ノイズの混入を防ぐ

「測定物に影響を与えない」という役割があるプローブですが、接触して測定する以上、全く影響を与えないことはありません。観測できる波形は、影響後の波形であることを常に意識しておきましょう。

プローブを被測定回路に接続することを「プロービング」と言います。プロービングによって観測する波形に影響が出るだけならまだしも、被測定回路が異常動作してしまったり、プローブをあてている時だけ正常動作することもあるので注意が必要です。プロービングよっておきうる波形への影響は以下のようなものがあります。

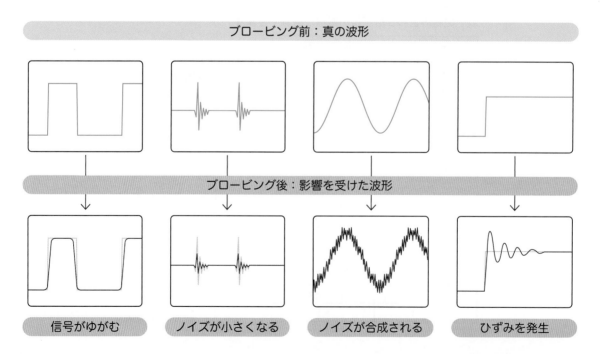

プロービング前：真の波形

プロービング後：影響を受けた波形

信号がゆがむ　　ノイズが小さくなる　　ノイズが合成される　　ひずみを発生

実際に観測される波形例

実際に観測される波形例と信号変化の名称を紹介します。分かり易いように特長を単純化した波形で表しています。

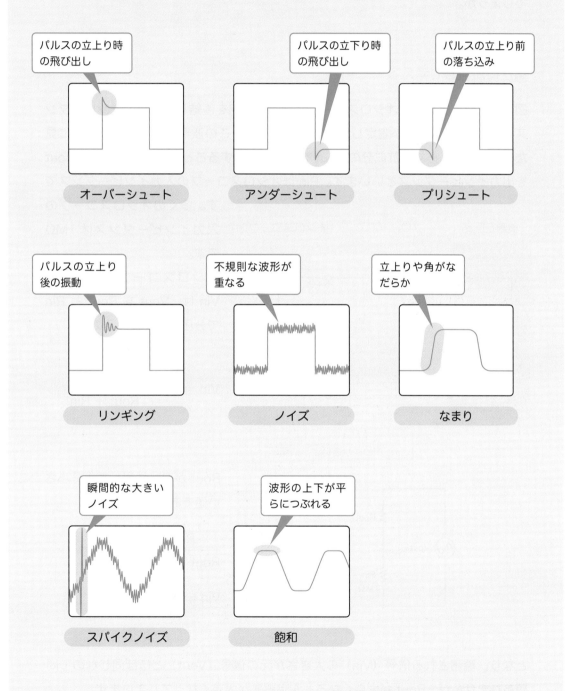

パルスの立上り時の飛び出し

オーバーシュート

パルスの立下り時の飛び出し

アンダーシュート

パルスの立上り前の落ち込み

プリシュート

パルスの立上り後の振動

リンギング

不規則な波形が重なる

ノイズ

立上りや角がなだらか

なまり

瞬間的な大きいノイズ

スパイクノイズ

波形の上下が平らにつぶれる

飽和

できるだけ被測定回路への影響を小さくするため、プローブの「入力インピーダンスを高く」します。入力インピーダンスを高くするとどうして影響が小さくなるのでしょうか。

電圧に注目して考える

図は、プローブなしでオシロスコープと被測定回路を直結したときのインピーダンスの関係です。Vout が測定したい電圧波形です。この波形を混じりっけなしに見たいのですが、必ず抵抗成分の Rout を通して観測することになります。この Rout を出力インピーダンスといいます。Rin はオシロスコープの入力インピーダンスです。多くのオシロスコープの入力インピーダンスは 1MΩ です。

オシロスコープの入力電圧 Vin は、Vout を Rout と Rin で分圧した値になるので、

被測定回路　　プローブなし　　オシロスコープ

$$Vin = Vout \cdot \frac{Rin}{Rout + Rin}$$

↓ 分圧がわかり易いように変形

Rout が Rin に対して十分小さい値であれば、

$$\frac{Rin}{Rout + Rin} \fallingdotseq 1 \text{ なので}$$

$$Vin \fallingdotseq Vout$$

となり、観測される信号（Vin）の大きさが元の信号（Vout）とほぼ同じなので問題ありませんが、Rout が大きくなると測定誤差が大きくなってしまいます。

例えば Rout が 100kΩ になると、

$$\frac{Rin}{Rout + Rin} = \frac{1 \times 10^6}{100 \times 10^3 + 1 \times 10^6} = \frac{1}{1.1} = 0.91$$

1 の大きさの信号が 0.91 になり、その差は 0.09 です。つまり測定誤差が 9% になってしまいます。

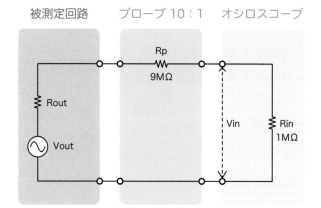

被測定回路　　プローブ 10：1　　オシロスコープ

そこで、プローブに抵抗を入れて信号を 1/10 に減衰します。

$$Vin = Vout \cdot \frac{Rin}{Rout + Rp + Rin}$$

すると、Rout が 100kΩ でも

$$\frac{Rin}{Rout + Rp + Rin} = \frac{1 \times 10^6}{100 \times 10^3 + 9 \times 10^6 + 1 \times 10^6} = \frac{1}{10.1} = 0.099$$

1/10（= 0.1）に減衰された信号が 0.099 になり、その差は 0.001 です。つまり測定値を 10 倍しても 0.01 で測定誤差を 1% に抑えることができます。

> **Q** 10：1 のプローブを使用して、被測定回路の出力インピーダンス Rout が 1MΩ あると測定誤差は何％になるでしょうか？

答：測定誤差 9%

電流に注目して考える

プロービングすると、被測定回路からオシロスコープにわずかながら電流が流れます。電流をIoutとすると、電圧＝電流×抵抗なのでIout・Rout分の電圧が下がります。

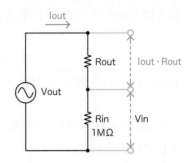

$$Vin = Vout - Iout \cdot Rout$$

なるべく電流が流れないようにすれば電圧降下を抑制し、VoutとVinの誤差を小さくできます。それぞれの減衰比設定時に以下の式が成り立ちます。

1：1プローブ使用時　　$Vout = (Rout + Rin) \cdot Iout_1$

10：1プローブ使用時　　$Vout = (Rout + Rp + Rin) \cdot Iout_{10}$

Voutは同値なので右辺同士はイコールで結べ、

$$(Rout + Rin) \cdot Iout_1 = (Rout + Rp + Rin) \cdot Iout_{10}$$

$$Iout_{10} = Iout_1 \cdot \frac{Rout + Rin}{Rout + Rp + Rin}$$

$Rout = 100k\Omega$、$Rp = 9M\Omega$、$Rin = 1M\Omega$ を代入すると、

$$Iout_{10} = Iout_1 \cdot \frac{100 \times 10^3 + 1 \times 10^6}{100 \times 10^3 + 9 \times 10^6 + 1 \times 10^6}$$

$$= Iout_1 \cdot \frac{0.1 \times 10^6 + 1 \times 10^6}{0.1 \times 10^6 + 9 \times 10^6 + 1 \times 10^6}$$

$$= Iout_1 \cdot \frac{1.1}{10.1}$$

$Iout_{10}$は$Iout_1$の約1/9に電流値を抑えられ、同時に電圧降下も1/9に抑えられます。つまり、10：1プローブは1：1プローブの約1/9の誤差に抑えられるということです。

入力容量に注目して考える

プローブとオシロスコープ本体には寄生成分の入力容量が存在します。オシロスコープ本体の入力インピーダンスである 1MΩ と並列に 10 ～ 50pF 程度の容量があります。さらに同軸ケーブル自体の容量が並列に加わるために、プローブ先端からみた入力容量は 60pF ～ 100pF にもなります。

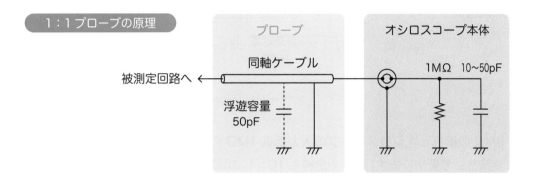

100pF にもなると被測定回路にとって大きな負荷となり、動作に影響する恐れがあります。大容量の負荷により低周波の測定しかできず実用的ではありません。そのため、1：1 の減衰比で観測できるのは、被測定回路の出力インピーダンスが充分低く、周波数帯域が低い測定対象に限定されます。

寄生成分とは

電子部品の物理的な構造のために現れる、設計外の電気的仕様。
抵抗成分、容量成分、誘導成分などがあり、それぞれ、寄生抵抗、寄生容量（浮遊容量）、寄生インダクタンスと呼びます。
直流や低周波では問題になりませんが、高周波を扱う際は寄生成分を考慮しておく必要があります。
例えば、実際の抵抗は、寄生インダクタンスが直列に、寄生容量が並列に入ったような振る舞いをします。右図に掲載した現実の素子の等価回路図は一例で、別の表し方もあります。

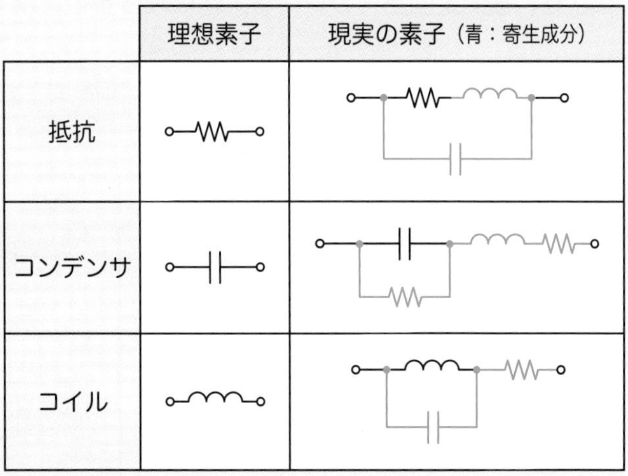

	理想素子	現実の素子（青：寄生成分）
抵抗		
コンデンサ		
コイル		

10：1 プローブは、下図のようにプローブ先端に 9MΩ と小容量のコンデンサが付加されます。コンデンサ C1 は Cs と C2 に対して直列に入っています。

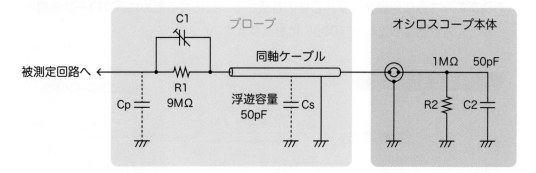

10：1 プローブの原理

9MΩ の抵抗とオシロスコープの入力抵抗 1MΩ により、DC 測定時は 10：1 の減衰器として動作します。AC 測定時も 10：1 の減衰比を得るためには C1 と Cs + C2 の並列容量の比が 1：10、すなわち R1・C1 = R2・(Cs + C2) の関係が成り立つとコネクタ部における周波数特性がフラットになります。実際に C1 の値を求めてみると

$$C1 = R2 (Cs + C2) / R1$$
$$= 1 \times 10^{6} \times (50 \times 10^{-12} + 50 \times 10^{-12}) / 9 \times 10^{6}$$
$$= 100 \times 10^{-6} / 9 \times 10^{6}$$
$$\fallingdotseq 11.1pF$$

C1 の 11.1pF と 100pF の直列合成容量は、約 10pF になります。入力部で並列に入る浮遊容量 Cp を 2pF としても合計 12pF となり、プローブの入力容量を低下させ、被測定回路への負荷を大幅に減らすことができるのです。

コンデンサの合成容量

２つのコンデンサが直列・並列に接続されたときの静電容量の計算式は右表のとおりです。

直列に接続すると小さく、並列に接続すると大きくなります。

直列	Cs ⊣⊢ C1 ⊣⊢ C2	$\dfrac{1}{C_s} = \dfrac{1}{C_1} + \dfrac{1}{C_2}$
並列	Cp ⊣⊢ C1 / C2	$C_P = C_1 + C_2$

プローブの減衰比によって以下の表のように特性が変化します。
但し、それぞれの特性比較は相対的なものです。

プローブの減衰比による特性変化

減衰比（例）	1：1	10：1	100：1
減衰比	小さい	← →	大きい
伝送信号	減衰小さい	← →	減衰大きい
測定回路に与える影響	大きい	← →	小さい
測定適合周波数	低周波	← →	高周波
測定可能範囲	狭い	← →	広い
測定信号ノイズ	少ない	← →	多い

減衰比の大小による測定に適した信号は次のような傾向があります。
　・減衰比が小さいプローブは、低周波の微小信号に適している。
　・減衰比が大きいプローブは、高周波の振幅の大きい信号に適している。
ですから、観測したい信号によってプローブの減衰比を選択する必要がありますが、

> プローブの減衰比は、基本「10：1」でOK

ほとんどの回路測定において、10：1の減衰比を選択しておけば問題なく対応できます。未知の信号の観測など、どちらを使っていいか判断できない時は10：1にしておきましょう。

理想のプローブ　　　　現実のプローブ

抵抗無限大、入力容量ゼロ！　　　抵抗有限大、入力容量あり

理想のプローブなんて空想だよ。ちゃんと使ってあげるから気にしなくていいよ！

インピーダンスとは

直流・交流に関係なくはたらく抵抗作用を「レジスタンス」記号：R
交流だけに対してはたらく抵抗作用を「リアクタンス」記号：X
そして、レジスタンスとリアクタンスを合わせた抵抗作用を「インピーダンス」記号：Z といいます。
単位はすべてΩ（オーム）です。

レジスタンスを持つ受動部品は一般に抵抗と呼ばれる「抵抗器」で、リアクタンスを持つ受動部品は、「コイル」と「コンデンサ」です。

コイルの性質

● 直流を通す

● 周波数が低いほど通しやすい
　周波数が高いほど通しにくい（右図）

● 磁場に電力を蓄える

● 入力電圧に対して電流の位相が 90° 遅れる

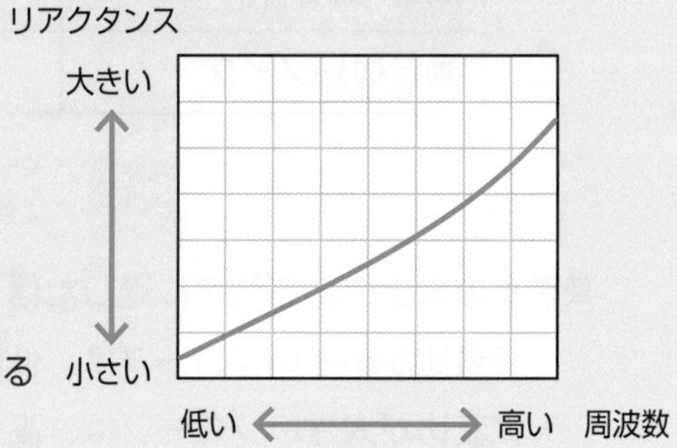

リアクタンス
大きい
小さい
低い ←→ 高い　周波数

コンデンサの性質

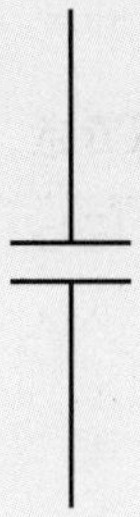

● 直流を通さない

● 周波数が低いほど通しにくい
　周波数が高いほど通しやすい（右図）

● 電場に電力を蓄える

● 入力電圧に対して電流の位相が 90° 進む

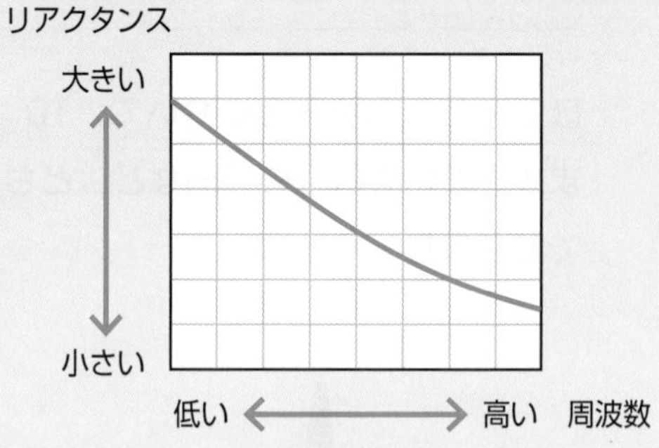

リアクタンス
大きい
小さい
低い ←→ 高い　周波数

	コイル	コンデンサ	抵抗器
直流　周波数＝0	通す	通さない	抵抗は一定値
交流　周波数低い	通し易い	通し難い	
交流　周波数高い	通し難い	通し易い	

抵抗器は直流交流に関係なく一定大きさの抵抗としてはたらきます。

コイルとコンデンサはちょうど反対の性質を持っていることがわかります。

コイルの抵抗成分の計算式

コイルの持つ電気的な性質を「インダクタンス」といい、記号：L、単位：H（ヘンリー）で表します。

> $1sec$（秒間）に $1A$（アンペア）の割合で変化する直流の電流が流れるとき
> $1V$（ボルト）の起電力を生じるコイルのインダクタンスは
> $1H$（ヘンリー）と定義されています。

コイルは交流電流の流れを妨げる作用を持っています。

この作用を「誘導リアクタンス」といい、記号：X_L、単位：Ω（オーム）で表します。

誘導リアクタンス X_L はインダクタンス L と交流の周波数 f に比例します。

$$X_L = \omega L = 2\pi f L$$

$X_L[\boldsymbol{\Omega}]$ ：誘導リアクタンス
$\omega\ [rad/s]$ ：角速度
$L\ [H]$ ：コイルのインダクタンス
$f\ [Hz]$ ：交流周波数

この式からもコイルは、周波数0（$f = 0$）の直流を、抵抗0（$X_L = 0$）で素通りさせることがわかります。

コンデンサの抵抗成分の計算式

コンデンサが電荷をたくわえる能力を「静電容量（キャパシタンス）」といい、記号：C、単位：F（ファラド）で表します。

> $1C$（クーロン）の電荷をたくわえたとき
> $1V$（ボルト）の電位差を生じるコンデンサの静電容量は
> $1F$（ファラド）と定義されています。

コンデンサは交流電流の流れを妨げる作用を持っています。

この作用を「容量リアクタンス」といい、記号：X_C、単位：Ω（オーム）で表します。

容量リアクタンス X_C は静電容量 C と交流の周波数 f に反比例します。

$$X_C = \frac{1}{\omega C} = \frac{1}{2\pi f C}$$

$X_C[\boldsymbol{\Omega}]$ ：容量リアクタンス
$\omega\ [rad/s]$ ：角速度
$C\ [F]$ ：コンデンサの静電容量
$f\ [Hz]$ ：交流周波数

この式からもコンデンサは、周波数0（$f = 0$）の直流を、抵抗無限大（$X_C = \infty$）で通さないことがわかります。

9 プローブの補正

「10：1プローブの原理」で図示した C1 コンデンサは、プローブをオシロスコープに接続するたびに容量調整が必要です。別のオシロスコープに繋ぎ代えた時はもちろん、同じオシロスコープでチャンネルを繋ぎ代えた時でも毎回調整が必要です。

10：1プローブの原理（簡易版）

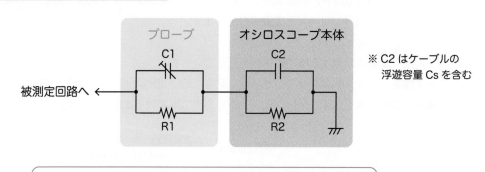

※ C2 はケーブルの
浮遊容量 Cs を含む

補正量適正時の条件式　　$R1 \cdot C1 = R2 \cdot C2$

プローブの補正手順

1. 調整したいプローブを 10：1モードにして
   校正信号を観測する。

2. 補正はプローブの調整ねじで行い、
   調整ねじは付属のドライバを使って回す。

3. 下図の「補正量適正」のように、矩形波のエッジが
   直角になるよう調整する。

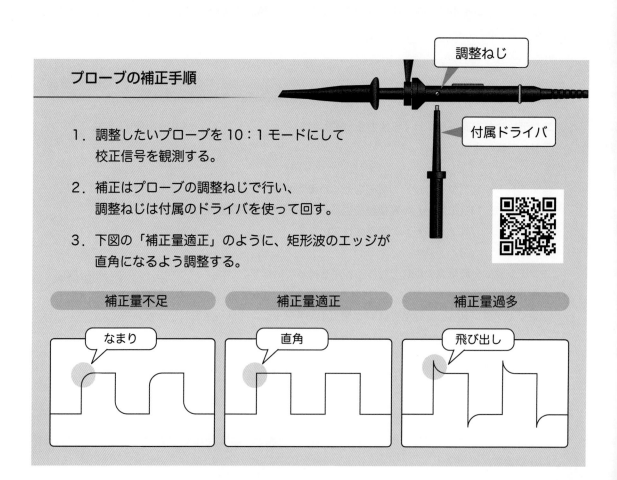

R1：9MΩ、R2：1MΩ、C2：30pF、Cs：60pF のオシロスコープで
1kHz、3Vp-p の矩形波を観測するとき、正しい波形を表示できるのはどちら
の設定でしょうか？　C1 の調整容量が　a）9pF の時、b）10pF の時
また、正解でない方の設定だと波形はどう見えるでしょうか？

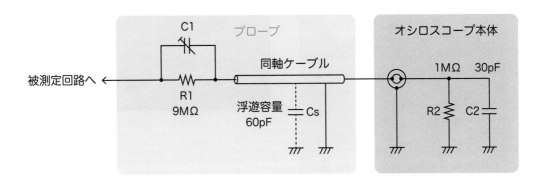

補正量適正時の条件式　R1・C1 = R2・(Cs + C2)
に R1：9MΩ、R2：1MΩ、C2 + Cs：90pF を代入してみましょう。

$$9 \times 10^{6} \cdot C1 = 1 \times 10^{6} \cdot 90 \times 10^{-12}$$
$$C1 = 10 \times 10^{-12}$$

正解はb）で、C1 が 10pF の時です。
C1 が 9pF の時は、補正量不足で立上りエッジに「なまり」のある波形になってし
まいます。

電圧レンジ・ポジションの調整

画面の電圧レンジを調整して、表示波形のサイズや位置を変更できます。
調整は垂直軸設定パネル内のボタンで行います。調整ボタンは各 Ch ごとに用意されている機種がほとんどです。

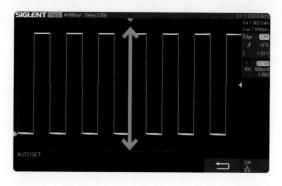

垂直スケールノブ

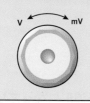

左に回すと電圧レンジが大きくなり、波形が縦に短くなる
右に回すと電圧レンジが小さくなり、波形が縦に長くなる
クリックすると、レンジの調節モードが粗 / 細で切り替わる

垂直ポジションノブ

左に回すと波形の表示位置が下に移動する
右に回すと波形の表示位置が上に移動する
クリックすると、画面垂直中央がグラウンド・レベル（0V）になる

画面の時間レンジを調整して、表示波形のサイズや位置を変更できます。
調整は水平軸設定パネルのボタンで行います。時間レンジの調整は全 Ch 共通です。

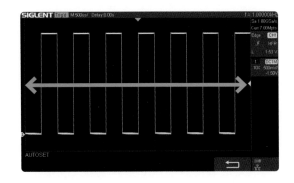

水平スケールノブ	
	左に回すと時間レンジが長くなり、波形が横に短くなる 右に回すと時間レンジが短くなり、波形が横に長くなる クリックすると、画面が上下二段に分かれ、波形の一部を拡大表示することができます。

水平ポジションノブ	
	左に回すと波形の表示位置が左に移動する 右に回すと波形の表示位置が右に移動する クリックすると、画面水平中央がトリガ点（取り込み原点：0s）になる

水平ポジションノブで波形を右にずらすということは、トリガ点より過去の波形を見ていることになります。ですから、右シフトはメモリに貯められる限界までしか表示できません。左シフトはトリガ点以降の波形なのでいくらでも表示可能です。

デジタルストレージオシロスコープは、入力されたアナログ信号を、標本化と量子化の工程を経てデジタル信号に変換しています。簡単なデジタル化の流れは以下のとおりです。

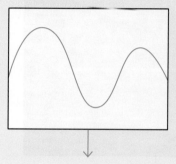

アナログ信号（元の波形）
連続した時間と値の変化を持つ。

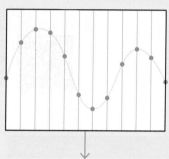

標本化
標本化周波数（サンプリングレート）で時間を区切って値を読み取る。
実際のオシロはローエンド機で500MSa/s、ハイエンド機で5GSa/s程度。（Sa/s：サンプリング/秒）

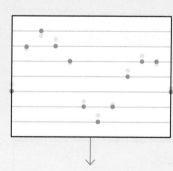

量子化
標本化で読み取られた値は、量子化ビット数で区切られた値に近似される。
実際のオシロはローエンド機で8bit（$2^8 = 256$）、ハイエンド機で14bit（$2^{14} = 16384$）程度。

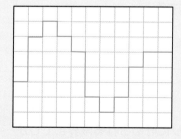

デジタル信号
標本化と量子化を細かくすればするほど、アナログ信号に近づけられる。デジタル写真で解像度が高いほどきれいに見えるのと同じ。

電圧レンジは画面いっぱいに波形を表示すること

電圧レンジは、出来るだけ画面いっぱいに波形を表示するようにしましょう。
小さく表示すると、有効に使える量子化ビット数が少なくなくなり、精度が低くなってしまうのです。

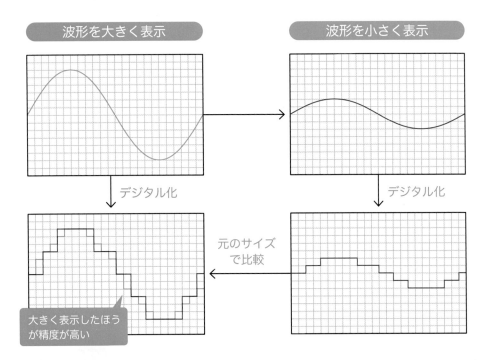

波形を大きく表示

波形を小さく表示

デジタル化

デジタル化

元のサイズ
で比較

大きく表示したほう
が精度が高い

複数の波形を画面に表示して比較するとき、それぞれの振幅を小さくして縦二段に並べることがあります。確認のための表示方法としては問題ありませんが、測定の精度を考慮すると適当ではありません。

Q 「信号のデジタル化」を理解したうえで、以下の表の空欄を埋めよ。

量子化ビット数（bit）	測定範囲（V）	分解能（mV）
8	−5 〜 +5	39.1
10	−5 〜 +5	
12	−5 〜 +5	
14	−10 〜 +10	

14bit：1.2mV
12bit：2.4mV
10bit：9.8mV
答

Q　1：1と10：1モード時に表示できる最大電圧はそれぞれ何Vでしょうか？

それぞれのモード時の表示可能電圧を把握しておきましょう。

これは、オシロスコープやプローブの最大入力電圧ではありません。単に画面に表示可能な電圧ですのでご注意ください。最大入力電圧については後で説明します。

モード	表示可能電圧（Vp-p）	
	例：SDS1202	お使いのオシロ
1：1	80	
10：1	800	

表示可能電圧の調べ方

1．オシロスコープ本体側のプローブの倍率設定で、調べたいモードを選択する。

2．垂直スケールノブを左いっぱいに回して最大レンジにする。その時の1div あたりの電圧と画面の目盛数を読み取れば、その積が表示可能電圧。

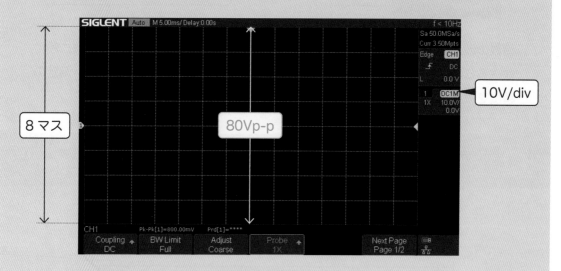

上の画面例では、10V/div で 8 マスあるので 10 × 8 ＝ 80 になり、80Vp-p までの信号を表示可能です。

単位一覧

本書で登場する電気系の
単位をまとめておきます。

名称	記号	単位
電圧	E	V（ボルト）
電流	I	A（アンペア）
抵抗（レジスタンス）	R	Ω（オーム）
リアクタンス	X	Ω（オーム）
インピーダンス	Z	Ω（オーム）
容量（キャパシタンス）	C	F（ファラド）
インダクタンス	L	H（ヘンリー）
周波数	f	Hz（ヘルツ）
周期	T	s（秒）
波長	λ（ラムダ）	m（メートル）
角速度	ω（オメガ）	rad/s（ラジアン／秒）
電力	P	W（ワット）

ディスプレイに表示される内容もフロントパネルと同様、メーカーや機種により配置や名称が異なります。基本的な構成要素は似ているので、一例を紹介しておきます。未解説の要素もありますが一度目を通しておいてください。

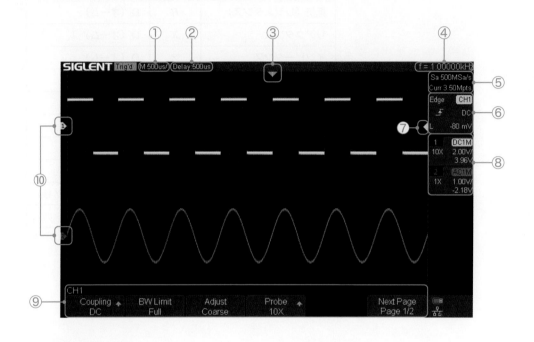

①	M 500us/	時間 /div	水平スケールノブ
②	Delay:500us	トリガ位置シフト時間	トリガ位置が画面中央の時、Delay：0s
③	▼	トリガ位置	画面内のトリガ位置を示す
④	f = 1.00000kHz	計測周波数	トリガ Ch の周波数
⑤	Sa 500MSa/s	サンプリングレート	時間レンジや同時使用 Ch 数により可変
	Curr 3.50Mpts	メモリ長	1 画面分のメモリ長

例：SIGLENT 社　SDS1202X-E　　名称や形状は一例です。メーカーによって変わります。

⑥　トリガタイプ　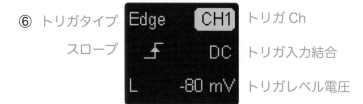　トリガ Ch
　　　スロープ　　　　　　　　　　　トリガ入力結合
　　　　　　　　　　　　　　　　　　トリガレベル電圧

⑦ 　　トリガレベル　：「トリガレベルノブ」で上下に移動

⑧　Ch 番号　　入力結合
　　減衰比　　　　　　　　電圧 /div：垂直スケールノブで調整
　　　　　　　　　　　　　Ch レベル電圧：Ch 毎の表示位置　シフト電圧

　　　　　　　　　　　　　Ch1 と同じ配置

⑨　機能メニューエリア　：選択した機能ボタンにより、メニュー表示は切り替わる

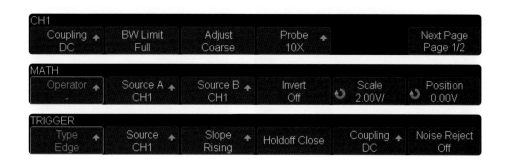

⑩ 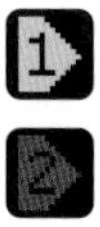　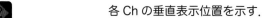　Ch レベル　：「垂直ポジションノブ」で上下に移動.
　　　　　　　　　　　　　各 Ch の垂直表示位置を示す.

プローブに触れた時に現れる波形の正体

フックチップに触れてしまい、思いのほか大きい波形が現れることに驚かれたことはないでしょうか？　この波形はハムノイズと呼ばれるものです。
これは、人体がアンテナとなって交流電源の電磁波を受信しているため起きる現象です。ですから波形の周波数は、東日本では 50Hz、西日本では 60Hz になります。

オシロスコープは入力インピーダンスが 1MΩ 以上のハイインピーダンス回路なので、ノイズの影響を受けやすいのです。ハイインピーダンス回路は、電流をほとんど流さず電圧で信号をやり取りするので、電圧が主成分のノイズに弱いという性質があります。多くのノイズは、信号としてのエネルギーは微小なのですが電圧はある程度高いため、ハイインピーダンス回路に影響を及ぼすのです。

電源アースが接地されていない場合、特にハムノイズが大きく現れます。試しに測ると約 60Vp-p もありました。接地されていればハムノイズは数百 mVp-p です。ハムノイズが数十 Vp-p も出るということは電源アースが接地していないということなので、この現象を利用して電源の接地確認ができそうです。しかし、プローブ端子に触れる際は静電気に十分注意してください。

電源アースを接地していない場合	電源アースを接地した場合

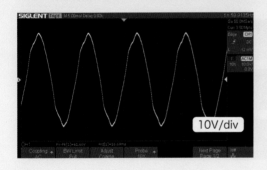

静電気に十分注意してください
オシロスコープの入力端子は静電気保護回路が入っていますが、高圧に帯電したまま触れると装置を破損してしまう可能性があります。「放電リストバンド」などの静電気除去装置をご検討ください。

前ページに掲載した観測画面は電圧レンジが 10V/div でしたが、拡大して 100mV/div で見てみました。

	電源アースを接地していない場合	電源アースを接地した場合

プローブのみ（オープン）

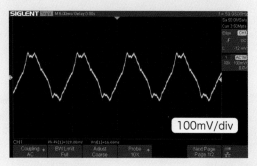

300mVp-p 程度のハムノイズを拾っています。このノイズはプローブがオープン（何もつながない状態）の時に現れる波形で、この波形が測定時の観測波形に重なるわけではありません。

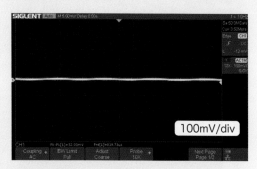

プローブがオープンでも、ハムノイズはほとんどありません。

人体接触

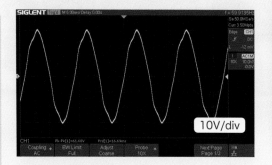

100mV/div では画面に収まらないので、この条件のみ 10V/div レンジの波形です。

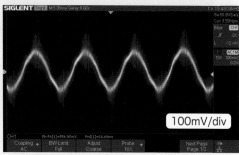

10V/div レンジでは見えませんでしたが、拡大すると300mVp-p 程度のハムノイズが確認できます。

13 オシロスコープの GND

Q 「オシロスコープの GND は内部でつながっている」と言われますが、実際にどの部分が導通しているのか確認してみましょう。オシロスコープ筐体の金属部をテスタであたれば確かめられます。

電源プラグはコンセントから外しておきましょう。

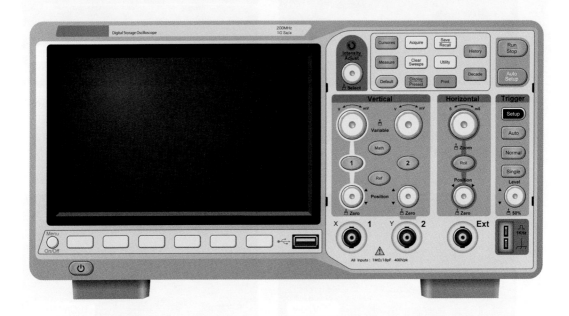

オシロスコープをブロック図で表すと下図になります。どこが導通しているか図に配線に色を付けてみましょう。

なお、ブロック図は GND の導通確認に合わせたものです。

 検証時は、オシロスコープの電源は抜いておいてください。

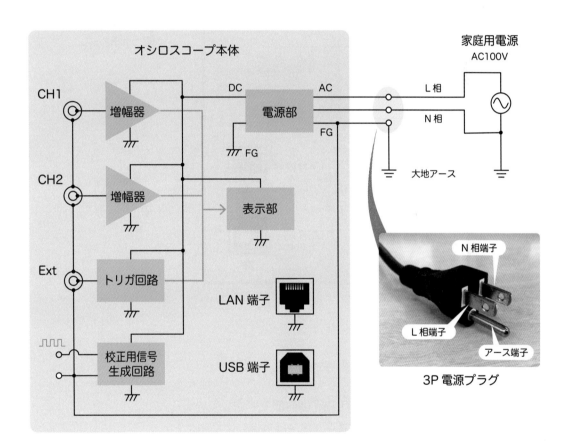

3P 電源プラグ

FG はフレームグラウンドの略で、多くの電気・電子装置は本体の金属筐体（フレーム）を基準電位（グラウンド）とする設計になっています。

「知っているから実験しなくていい」と片付けてしまわず、実際に手を使って調べて体験してみてください。単なる知識ではない体験をともなった学習は、今後の発見やひらめきの元になると考えています。

下図の青線が導通部分です。内部回路（例えば、増幅器やトリガ回路）はテスタで調べられませんが、FG を通して導通しています。

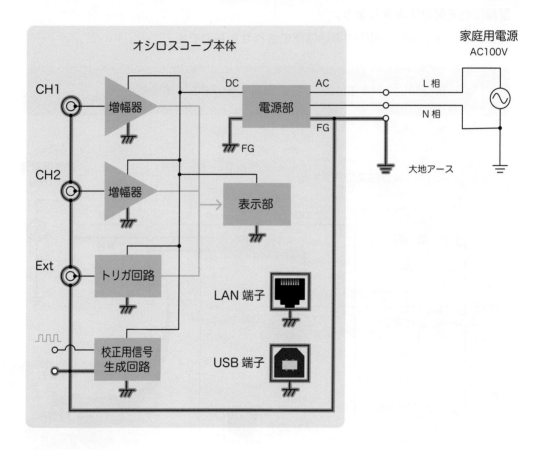

ここで重要なのは

・プローブの各 Ch の GND 端子は内部で導通していること
・FG と 3P 電源プラグのアース端子は導通していること
・3P 電源プラグのアース端子と N 相端子は絶縁されていること

を覚えておきましょう。

3P 電源プラグのアース端子と N 相端子はどちらも大地アースに接続されているので、つなげてしまえばいいと思うかもしれませんが、それではいけません。なぜいけないのでしょうか。まずは、家庭用電源について調べてみましょう。

家庭用電源の極性

一般的な家電製品のプラグはどの向きに挿しても使えるので意識する必要はありませんが、コンセントに届いている電源には極性があります。

記号	意味	別称	分類	線名	電線色
L	Live	ホット	非接地側	電線	黒・赤
N	Neutral	コールド	接地側	中性線	白
E	Earth	アース	接地	アース線	緑・黄

ルール上は縦に長い穴が N 相とされていますが、実際に調べてみると逆になっている場合があります。また、電源タップなどで延長する際に意識せず接続すると極性が入れ替わることもあります。また 3P コンセントのアース端子は実際に接地されていない場合があるので注意が必要です。

 以下の実験を行う際は、感電やショートによる発火事故に十分注意してください。

コンセントの極性（L・N）確認

1. 電圧計、もしくはマルチメータを「AC 電圧測定モード」にする。
2. 両プローブをコンセントに挿して 100V 前後を示すか確認してみる。
   プローブを入れ代えても 100V を示すので極性は分からない。
3. そこで、片側のプローブを指でつまみ、もう片方をコンセントに挿す。
   コンセント側を差し替えて電圧の高い方が L 相、低い方が N 相。

コンセントの接地確認

1. 電圧計、もしくはマルチメータを「AC 電圧測定モード」にする。
2. L 相端子とアース端子間が 100V 前後で、
   N 相端子とアース端子間が数 V 以下なら、アース端子は接地している。
   どちらも中途半端な電圧ならアース線は接地していない。

アースの役割

下図は、電柱から各家庭までの電力供給の模式図です。電線の 6600V が電柱に設置された柱上トランスで家庭用の 100V に変圧されます。

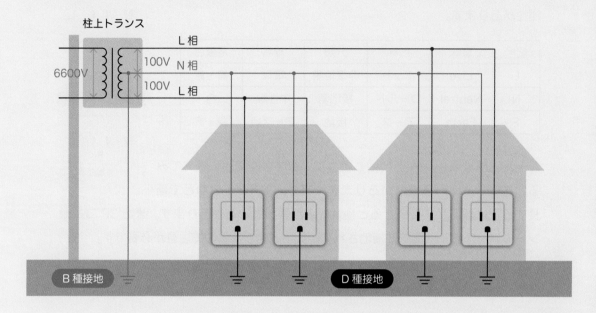

AC100V の N 相側のアースは柱上トランスから接地されたものです。このアースの役割は、① 中性線（N相）を大地電位（0V）にすることと、② 柱上トランスが故障しても家庭側に 6600V の高電圧がかからないようにすることです。各家庭内のアースの役割は、電化製品が故障した際に感電事故を防ぐことです。柱上トランスのアースでは、家庭内の電化製品の感電事故は防げませんし、家庭用アースで柱上トランスの故障による過電圧は防げません。それぞれ役割が異なり別の場所に設置されるアースなのです。なお、柱上トランスのアースを「B 種接地」、各家庭の 300V 以下の低圧用の機器用のアースを「D 種接地」と言います。「D 種接地」のアースのしくみを確認しておきましょう。

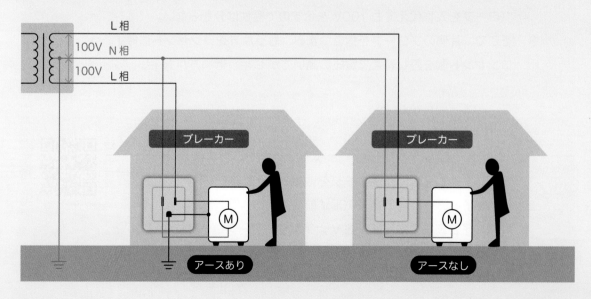

電化製品は、通常人が触れる部分は絶縁されており感電することはありませんが、絶縁部の劣化が進むと漏電する恐れがあります。漏電ブレーカーはＬ相（行き）とＮ相（帰り）の電流に差があると作動し電力供給を遮断する装置です。

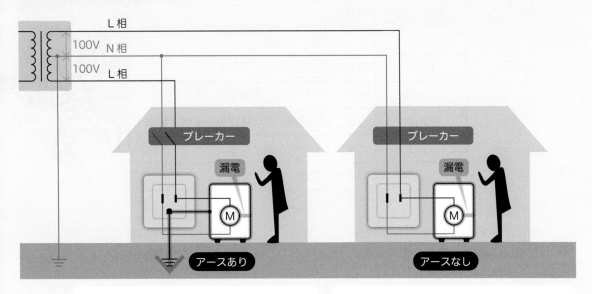

アースが接続されていれば、漏電するとアースを通して電流が流れ、ブレーカーが作動します。

アースが接続されていないと、漏電してもブレーカーは作動しません。

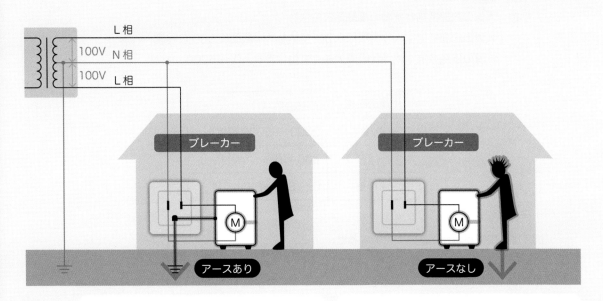

万一ブレーカーが作動せずに人が触れても、人に比べて抵抗が小さいアース側に多くの漏洩電流が流れるため感電しません。

人が触れると漏洩電流は人を通して大地に流れます。万一ブレーカーが作動しなければ流れ続けることになります。

感電とは

感電の影響の大きさは、「電流」、「時間」、「経路 (人体の部位)」によって変わりますが、電流の大きさによる症状はおよそ次のとおりです。

電流（A）	症状
1mA	ビリッと感じる程度
5mA	痛みを感じる
10mA	我慢できない痛み、衝撃を感じる
20mA	痙攣、呼吸困難、流れ続けると危険な状態
50mA	短時間でも命の危険になる
100mA	致命的、死亡

例えば、500W の電子レンジは 100V で 5A 流れます。25W のオシロスコープは 0.25A です。100mA （＝ 0.1A） という電流は、本当に小さな値ということがわかるでしょうか。

人体に流れる電流はオームの法則　電流 [A] ＝電圧 [V] ÷抵抗 [Ω]　で計算できます。

電圧：家庭用電源 100V
抵抗：人体の内部抵抗と皮膚の接触抵抗の合計
　　　人体の内部抵抗：人体内部は水分が多いため一般的に 500 Ω程度
　　　皮膚の接触抵抗：乾燥状態で大きく変化します。0 ～ 5000 Ω程度

皮膚の状態	接触抵抗（Ω）
乾燥	2000 ～ 5000 程度
汗ばむ	800 程度
濡れる	0 ～ 300 程度

例えば、皮膚が濡れた状態で感電すると、
100[V] ÷ （500[Ω] + 300[Ω]） ＝ 0.125[A]
となり、人体には 125 [mA] の電流が流れることになります。 通電経路と通電時間も影響しますが、致命的な障害を起こす電流が流れることになります。

接地とは

「接地」とは、元々「大地と接続すること」ですが、大地でなくても「基準電位点に接続すること」を意味します。ヨーロッパではアース（Earth）、アメリカではグラウンド（Ground）などと呼んでいます。日本ではアースとグラウンドが混用されることも多いのですが、電気回路においては、

アース ： 大地を基準電位点として接続すること
グラウンド ： 大地以外の基準電位点に接続すること

として区別するといいでしょう。JIS 規格では、以下のように分類し記号も使い分けられます。

アース	アース 大地アース	⏚		
	保安グラウンド 保護接地	⏚		
グラウンド	フレームグラウンド シャーシグラウンド	⏚		
	シグナルグラウンド 信号グラウンド	▽	アナロググラウンド	A.G.
			デジタルグラウンド	D.G.
			パワーグラウンド	P.G.

接地には以下ような目的があります。

・電気保安用接地　　　：感電、火災防止
・ノイズ対策用接地　　：安定動作確保
・機能用接地　　　　　：大地を回路の一部として利用
・その他の接地　仮設の作業用接地、静電気防止接地、雷保護接地

アースとグラウンドの混用

例えば自動車の「ボディアース」と呼ばれる配線は大地に接続されていません。車の金属ボディを地球に見立ててバッテリーのマイナス極を接続し「アース」と呼んでいます。このアースは感電防止目的ではなく、金属ボディ全体をマイナス極とすることで電装品のバッテリーへの戻り配線を省略しているのです。電気回路的には「ボディ・グラウンド」と呼ぶのがふさわしいかもしれません。

14　おろそかになりがちな注意事項

オシロスコープの使用において、おろそかになりがちな注意事項とそれを怠った場合におきうる弊害を学んでおきましょう。

電源アースは必ず接地すること

電源アースを接地しないとおきうる弊害

・感電事故の危険

　オシロスコープの筐体が電位を持つことになり感電の恐れがある.

・電源回路の故障

　電源回路に負荷をかけ故障する恐れがある.

・測定精度の低下、被測定回路の破損

　GND リードに浮遊容量 数百 pF が生じ、測定精度を低下させる.

　GND リードに浮遊電圧 数十 V が生じ、接続した被測定回路が破損する.

オシロスコープの付属マニュアルにも「電源は必ず接地するように」と記述があるはずです。もし、電源アースを接地すると観測できないような信号であれば、専用のプローブやオシロスコープを検討すべきです。本書では、危険や事故を間違った方法ではなく、正しい知識を持って回避していただきたいと考えています。

GND リードは必ず接続すること

GND リードを接続しないとおきうる弊害

・感電事故の危険

　万一電源アースがとれていない場合、感電の恐れがある.

・測定精度の低下

　測定点とオシロの GND が離れていると電位差が生じ、波形が歪む.

　GND が共通でも GND リードの接続を省略せず、各プローブごとに接続したほうが精度が高くなります。GND リードは測定点の近くになるべく短く接続します。

　GND リードは必ず被測定回路の接地電位に接続してください。

　接地電位以外に接続すると、感電や機器の破損などの恐れがあります。

> Q　「注意事項」を踏まえた上で、以下のような回路の信号源 A を測定するにはど
> のようにプロービングするといいでしょうか。

信号源 A の測定を「フローティング測定」といいます。フローティング測定とは、
どちらも GND に接続されていない（基準電位ではない）二点間を測定することです。

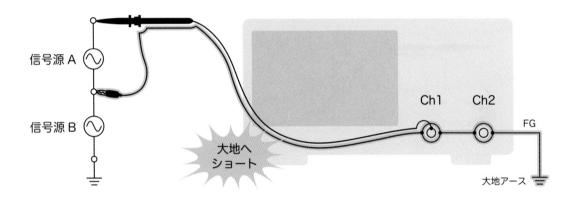

上図は悪い例です。
信号源 B の電圧が GND リードを通して大地アースへ接地され、ショートしてしま
います。ショートを嫌って、オシロスコープの電源アースを接地しないと、FG に
電圧がかかり筐体の金属部分に触れれば感電してしまいます。

ヒントは演算機能を利用することです。演算機能はほとんどのデジタル・オシロス
コープに付いています。

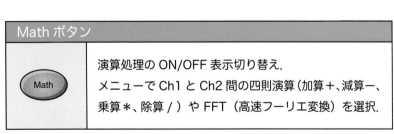

Math ボタン

演算処理の ON/OFF 表示切り替え.
メニューで Ch1 と Ch2 間の四則演算（加算＋、減算ー、
乗算＊、除算／）や FFT（高速フーリエ変換）を選択.

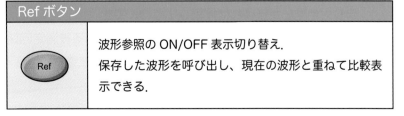

Ref ボタン

波形参照の ON/OFF 表示切り替え.
保存した波形を呼び出し、現在の波形と重ねて比較表
示できる.

付属の受動プローブを二本使い、オシロスコープの演算機能を利用します。以下のようにプロービングし、Ch1とCh2の差をとれば信号源Aを測定することができます。

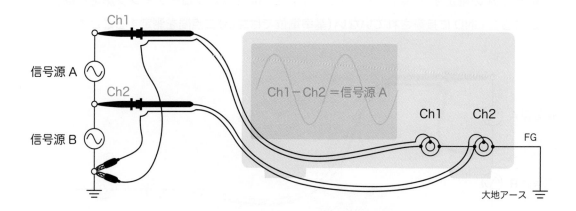

しかし、この方法は簡易的な方法で、精度を得るためには、両方のプローブの仕様が全く同じである必要があります。差し替えて使う度に校正が必要なほどデリケートなプローブですから、二本を精度良く揃えることは困難です。

実は、フローティング測定には差動プローブやフローティング専用のオシロスコープを使うのが安全で正確な方法です。プロービングで解決できるような質問の仕方をしておいてごめんなさい。

GNDリードはどこにつなげる？

GNDリードは必ず被測定回路の接地電位に接続してください。
接続していいかどうか不安な時は、接続する前にGNDリードと接続する点間の電圧をテスタなどで測定してみてください。接地されたGNDリードとの電位差、つまり対地電圧が無ければ接続してもOKです。
電池や絶縁トランスなどで大地と絶縁されている被測定回路は、確認の必要はありません。GNDリードは、回路上の安定した基準電位点（多くはGND）に接続してください。

信号源 A, B のような単純な構成なら GND かどうかは見分けられますが、回路図をよく見ずに接続するとショート事故を起こしてしまうことがあります。例えば、オーディオアンプのスピーカ出力なんてうっかりプローブを接続してしまいそうではありませんか。どちらも GND レベルではない差動信号を付属の受動プローブで観測する場合は、GND リードの接続に注意が必要です。

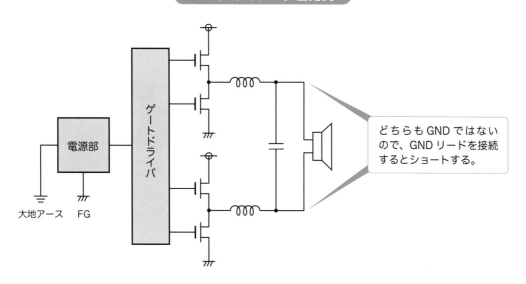

オーディオアンプ回路例

どちらも GND ではないので、GND リードを接続するとショートする。

差動信号を使って伝送する方式は平衡接続とも言われ、通信距離の延長や高速化に非常に有効な方式です。差動信号は、今日多くの用途で利用されています。
差動信号をオシロスコープで観測する場合は、前述の差動プローブを用いると良いでしょう。

差動信号と対をなす方式でシングルエンド信号（不平衡接続）があります。
シングルエンド信号は、基板上の伝送方式として最も一般的に用いられています。
ケーブルを用いた通信では、比較的近距離で低速の規格に採用されています。

方式	規格例	規格	最大ケーブル長	最大速度
シングルエンド信号	I²C 、TTL、CMOS など	RS-232C	15m	19.2kbps
差動信号	USB、SATA、HDMI など	RS-422	1.2km	10Mbps

差動信号とは

差動信号（ディファレンシャル信号）

１信号あたり２本の信号線を使い、１本に元の信号をもう１本は位相を反転した信号を送ります。２本の信号線の電位差が信号レベルになります。例えば、差がプラスであれば "H"，マイナスであれば "L" として判別します。

差動信号は、伝送途中でノイズが混入しても、受信後に差を取ればノイズを相殺することができます。また、２本の信号線は互いに逆向きの電流が流れるので、ノイズの発生源となる磁束も相殺されます。このような特性から、差動信号は伝送距離を長く、高速化することができるのです。

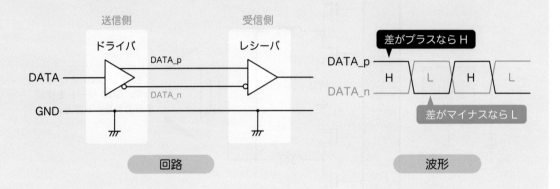

シングルエンド信号

１信号あたり１本の信号線で伝送する方式です。GND（0V）を基準に信号の電圧レベルで "H" と "L" が決まります。ノイズの影響を受け易く、信号線からノイズが出るため複数の配線を束ねるとお互いに影響してしまいます。高速化すると更に影響が大きくなります。

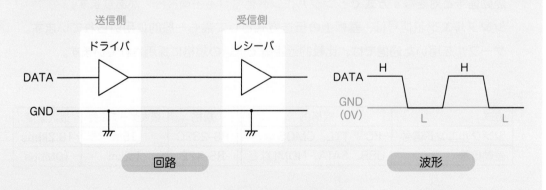

家庭用電源 AC100V を汎用オシロスコープと受動プローブで観測することはできるでしょうか？

受動プローブで家庭用電源を観測することを危険行為として禁止しているメーカーもあります。確かに、家庭用電源は高圧差動プローブを使って測定するのが安全で正しい方法なのですが。
ここでは、本当に家庭用電源を汎用オシロスコープと受動プローブで観測することはできないのか、どう危険でどうすれば危険を回避できるのかを考えながらオシロスコープについて学んでいきましょう。

仕様を確認する

AC100V にプローブを接続しても問題ないでしょうか？本体のラベル表示やデータシートから仕様を確認しましょう。
多くのオシロスコープは、本体の入力端子の近くに最大入力電圧が表示されています。プローブにも表示があるはずです。無ければデータシートを探してみましょう。

本体：400Vpk

プローブ：150Vpk（1X 時）
　　　　　300Vpk（10X 時）

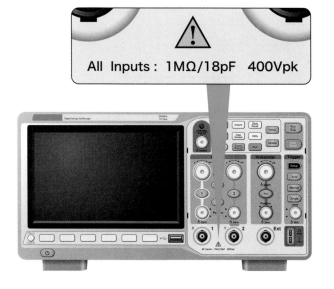

プローブのデータシートには 1X 時 300Vp-p、10X 時 600Vp-p と記載されていました。600Vp-p は 300Vpk です。特に明記されていないのですが 300V は実効値ではなく最大値のようです。

家庭用電源は 141Vpk なので、1：1 モードでは余裕が少なく心許ありませんが、10：1 モードなら問題なく測定可能です。しかし、どんな周波数の信号も最大入力電圧で測定可能なわけではありません。

> **Q** 最大入力電圧 400Vpk のオシロスコープと最大入力電圧 300Vpk のプローブで、振幅 300Vpk の正弦波を観測することはできるでしょうか？

実は、プローブの最大入力電圧 300Vpk は低い周波数信号の時だけ測定可能な値で、周波数が高くなるとどんどん小さくなります。これを「ディレーティング特性」といいます。例えば、以下の特性を持つプローブでは、周波数 100kHz、振幅 300Vpk の信号をプロービングしてはなりません。300Vpk で測定可能なのは、40kHz 以下の信号になります。このグラフで家庭用電源がどこにプロットされるか確認しておいてください。

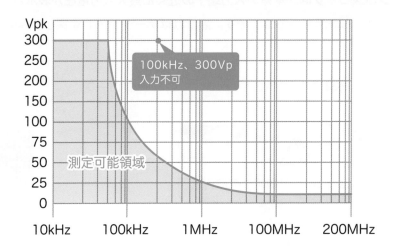

例：シグレント SDS1202X-E　標準プローブ PP215
グラフの値や範囲は、製品によって異なります。

> ⚠ 最大入力電圧は入力インピーダンスが 1MΩ の時の値です。ローエンド機＋受動プローブを使用するのであれば上記の説明で問題ありませんが、ミドルレンジ以上のオシロスコープは入力インピーダンスを 50Ω に切り替えられようになっており、50Ω 入力時の最大入力電圧は 5Vrms 程度の低い電圧となっているので注意が必要です。

16　帯域幅（周波数帯域）

オシロスコープの最も重要な仕様である帯域幅（周波数帯域）について説明しておきます。測定できる信号の周波数の上限は帯域幅で決まります。しかし「帯域幅100MHz」だからといって、0Hz から 100MHz まで誤差なく測定できるわけではありません。周波数が高くなるほど減衰してしまうのです。その様子は「周波数特性」グラフで示されます。

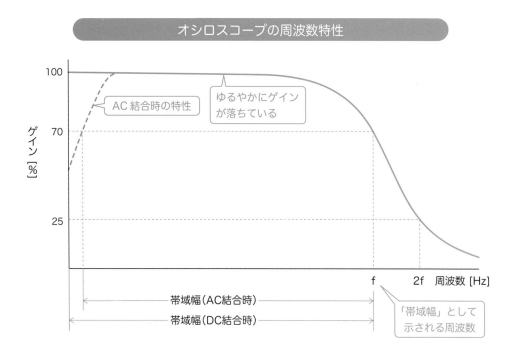

オシロスコープの周波数特性

仕様書に「帯域幅」として示される値は、信号本来の振幅の約 70％（-3dB）で測定できる周波数です。つまり、「帯域幅 100MHz」のオシロスコープで真値100MHz、1Vp-p の正弦波を観測すると、約 70％減衰し 0.7Vp-p になってしまうということです。

家庭用電源の 50/60Hz はかなり低い周波数なので、オシロスコープで観測する際は、「入力結合」の選択に注意が必要です。AC 結合だと低周波信号の減衰が周波数特性グラフで確認できます。グラフの点線部分です。
入力結合（DC / AC）については帯域幅の後で説明します。

Q 帯域幅 100MHz のオシロスコープで 100MHz の正弦波を観測すると約 70% 減衰します。では、逆に 100MHz の正弦波を誤差 3% 以内で観測するためには、帯域幅何 Hz のオシロスコープが必要でしょうか？

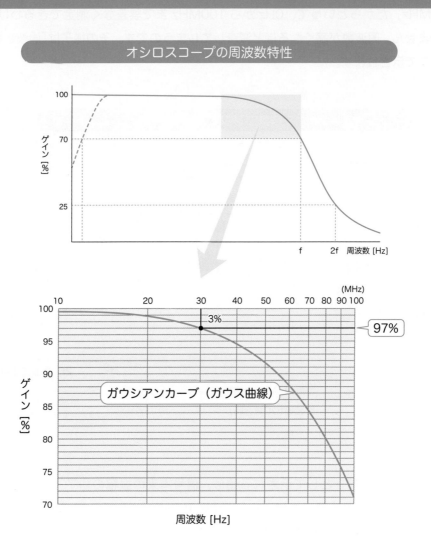

オシロスコープの周波数特性

グラフの誤差 3% のラインと周波数特性カーブとの交点を求めると、その周波数は 30MHz で帯域幅 100MHz の約 1/3 であることがわかります。つまり、

> オシロスコープの帯域幅 = 測定したい正弦波周波数 × 3

の関係があり、100MHz の正弦波を誤差 3% 以内で観測するために、帯域幅は 300MHz 以上あればよさそうです。なお、この法則はローエンド機（ガウシアン型）に当てはまります。

帯域幅 200MHz のオシロスコープと、帯域幅 200MHz の受動プローブを使
用して 200MHz の正弦波を測定できるでしょうか？
振幅はプローブの測定可能領域内の 5Vp-p とします。

オシロスコープとプローブの帯域幅がどちらも 200MHz でも、オシロスコープと
プローブを合わせた「システム帯域幅」は 200MHz にならない場合があります。

システム帯域幅は以下の式で計算できます。
計算式は、オシロスコープに採用されている応答フィルターのタイプで異なります。

ガウシアン型：ローエンド機（帯域幅が 1GHz 未満）の多くで採用される。
　　　　　　測定周波数が高くなるほど精度が落ちてしまう。
　　　　　　前ページに掲載した周波数特性を示すのはガウシアン型で、グラフ
　　　　　　はガウシアンカーブ（ガウス曲線）を描く。

$$システム帯域幅 = \frac{1}{\sqrt{\dfrac{1}{オシロスコープ帯域^2} + \dfrac{1}{プローブ帯域^2}}}$$

ブリックウォール型：ハイエンド機（帯域幅が 1GHz 以上）で採用される。
　　　　　　　　　高周波でも精度が落ちにくくなっている。
　　　　　　　　　「フラット応答型」も同様の特性を示す。

システム帯域幅＝オシロスコープの帯域幅とプローブ帯域幅のうち小さい方

システム帯域幅を計算すると、ガウシアン型は 141.4MHz、ブリックウォール型は
200MHz です。問題の答えとしては、「ガウシアン型は測定できないが、ブリック
ウォール型なら測定できる」となります。

お使いのオシロスコープがガウシアン型かブリックウォール型かを調べる方法を紹
介しておきます。

応答フィルターのタイプを判別する方法

１．オシロスコープ本体の帯域幅と立上り時間の仕様値を調べる

２．帯域幅×立上り時間を計算する

３．計算結果が 0.35 に近ければ「ガウシアン型」、
　　　0.4 以上なら「ブリックウォール型」と判断する

機種名	帯域幅	立上り時間	帯域幅×立上り時間	応答フィルター
SDS1202X-E	200MHz	1.8 ns	0.36	ガウシアン型
SDS5102X	1GHz	0.4ns	0.4	ブリックウォール型

例：シグレント社 2 機種

オシロの仕様書に応答フィルターのタイプが明記されていれば、計算による判別が
間違いないか確認してみてください。

オシロスコープを応答フィルターの仕様によって分類しましたが、用途によっても
以下のように分けることができます。一般的にハイエンドの方が帯域幅が広く、そ
の他の仕様も高い傾向にあります。もちろん価格もハイエンドの方が高価です。

グレード	用途	使用例
ローエンド	すでに性質が「分かっている」信号のチェック	製造検査、出荷検査
ミドルレンジ	正体不明の「分からない」信号を調べる	開発、テスト、デバッグ
ハイエンド	波形の正確さを調べる	規格への適合確認（コンプライアンス・テスト）

17 入力結合（入力カップリング）

オシロスコープのほとんどの機種は、入力結合を AC / DC / GND に切り換えられるようになっています。それぞれの結合方式の違いは以下のとおりです。

DC 結合：直流成分を含めて信号をそのまま測定

AC 結合：信号の直流成分をカットし交流成分のみ測定

GND 結合：全ての入力信号を遮断し、直流の基準レベル（電源が正しく接地されていれば０Ｖ）にします。基準レベルの目盛位置を設定したり確認するためにあります。

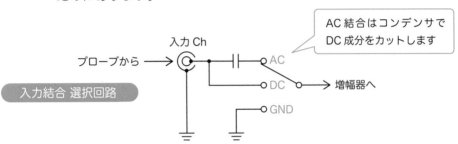

入力結合 選択回路

AC 結合はコンデンサで DC 成分をカットします

	DC 結合（直流結合、DC カップリング）	AC 結合（交流結合、AC カップリング）
メリット	低周波の信号でも振幅や位相の測定誤差が小さい。 信号が変化したとき、AC 結合による過渡応答がないので応答が速い。	入力の DC 成分が大きくても、測定したい AC 信号を大きく増幅できるので、測定誤差を小さくすることができる。
デメリット	入力の DC 成分が大きいと、AC 成分を増幅できないので測定誤差が大きくなる。	低周波の信号では、測定誤差が大きくなる、応答が遅くなる。
用途例	・DC 成分を含めて測定したい時 ・低周波の AC 成分を精度よく測定したい時	・AC 成分を精度よく測定したい時 ・通常の音響振動計測

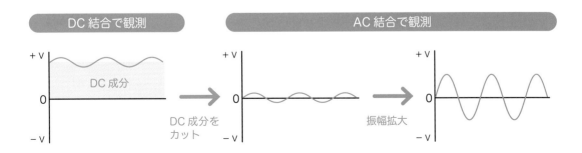

DC 結合で観測　　　　　　　　　AC 結合で観測

入力結合は、基本「DC 結合」で OK

どちらの入力結合を選択するかは、それぞれの結合方式のメリット・デメリットと観測波形によって判断する必要があります。しかし、基本は DC 結合で測定し、直流成分をカットしたいときだけ AC 結合にするという使い方で良いでしょう。

Q 以下の波形を観測するのに「DC 結合」「AC 結合」のどちらが適当でしょうか？

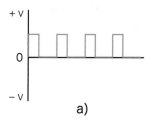
a)

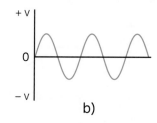
b)

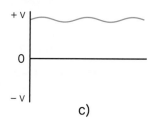
c)

a)、b) は DC 結合で観測できるでしょう。

c) の波形の振幅を DC 結合で観測すると、電圧レンジを変更する度にポジションを調整する必要があり操作が面倒です。ですから c) は AC 結合で観測する方がスマートでしょう。

入力結合を変えて波形観測

上記問題の波形例を以下にして実験してみました。

a) 矩形波、1kHz、3Vp-p、オフセット 1.5V
b) 正弦波、1kHz、3Vp-p、オフセット 0V
c) 正弦波、1kHz、100mVp-p、オフセット 5V

18 オシロで家庭用電源を観測できるか（続き）

ハード仕様としては、家庭用電源を汎用オシロスコープと 10：1 受動プローブで測定しても壊れないことが分かりました。DC 結合で測定すれば精度も問題なさそうです。プロービングは以下のようにすれば測定できるはずです。

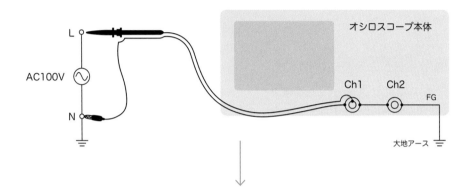

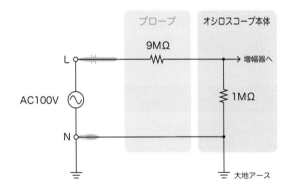

Ch1 のみをさらに単純化した模式図で描くと左図のようになります。観測対象が 50/60Hz と低周波のため、入力容量は負荷にならないので省略します。

このように正しくプロービングすれば問題ありませんが、
　もし、大地アースを接地していないとどうなるでしょうか？
　もし、プローブを L・N 逆につなぐとどうなるでしょうか？
考えてみましょう。

大地アースを接地していないと・・・

オシロスコープの「電源アースは必ず接地すること」は注意事項として以前説明しましたね。うっかり接地されていない状態で家庭用電源 AC100V を観測すると、どんな問題が起きるでしょうか。

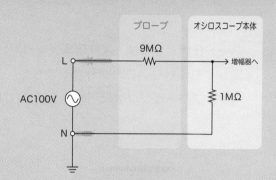

もし、GND リードが未接続になる（プロービング途中でフックチップを先につなげたり、計測中に GND リードが外れたりする）と AC100V が FG にかかり、その状態で FG の金属部分に触れれば感電してしまいます。

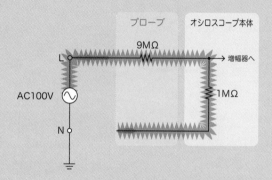

プローブを L・N 逆につなぐと・・・

フックチップを N 相側に接続しても、大地アースと同電位の入力なので、波形は観測できないだけで問題はありません。

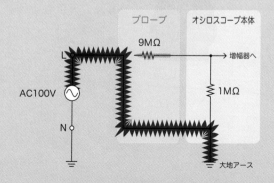

しかし、GND リードを L 相側に接続してしまうと、ショートしてオシロやプローブが破損します。
ショートを回避するために電源アースを接地しないことは、上記の危険があるので避けるべきです。

十分な知識なく家庭用電源を観測しないでください

電源アースの接地の有無やコンセントのL・N相も確認せずに、オシロスコープで家庭用電源 AC100V を観測することは自殺行為です。感電や機器の破損・発火などを招く恐れがあります。正しい知識をもって間違いなく接続すれば、付属の受動プローブでも恐れる必要はないのですが、高電圧差動プローブを使用すればより安全に測定することができます。

前ページの検証から何がどう危険かは分かってもらえたでしょうか。この危険を理解して回避すれば良いのです。「コンセントの極性確認」と「コンセントの接地確認」の方法を再掲載しておきます。

 以下の実験を行う際は、感電やショートによる発火事故に十分注意してください。

コンセントの極性（L・N）確認

1. 電圧計を「AC 電圧測定モード」にする。
2. 両プローブをコンセントに挿して 100V 前後を示すか確認してみる。
   プローブを入れ代えても 100V を示すので極性は分からない。
3. そこで、片側のプローブを指でつまみ、もう片方をコンセントに挿す。
   コンセント側を差し替えて電圧の高い方がL相、低い方がN相。

コンセントの接地確認

1. 電圧計を「AC 電圧測定モード」にする。
2. L相端子とアース端子間が 100V 前後で、
   N相端子とアース端子間が数 V 以下なら、アース端子は接地している。
   どちらも中途半端な電圧ならアース線は接地していない。

家庭用電源をオシロスコープで観測してみたい方は以下の方法をお試しください。しかし、このとおりにしなければならない訳ではありません。危険性や注意事項を理解した上でやり易いように工夫してください。

家庭用電源 観測手順案

1. オシロスコープの電源は「アース付きコンセント」を利用し接地する。
   電源アースを接地できない場合は、実験をあきらめる。

2. 入力結合は「DC 結合」を選択する。
   AC 結合では、低周波信号の測定誤差が大きくなるため。

3. プローブの減衰比は「10：1 モード」にする。
   商用電源は出力インピーダンスが充分低く低周波なので 1：1 モードでも良さそうだが、141Vpk はプローブの最大入力電圧 150Vpk に近いため避ける。また、フルスケール 40Vpk しかなので画面からはみ出して観測できない。

4. プローブのフックチップと GND リードを取り外し、先端の GND 端子に「絶縁キャップ」を取り付ける。絶縁キャップが無ければ絶縁テープなどで保護しておく。これは、誤って GND 端子が電源の L 相側に接触するのを防ぐため。

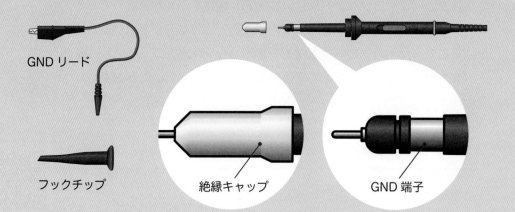

GND リード

フックチップ

絶縁キャップ

GND 端子

5. 「コンセント変換プラグ」などを利用して、コンセントの片側にプローブ先端を接触させる。L 相、N 相どちらの端子に接触しても問題ないが、両端子に同時に触れないよう注意すること。L 相端子に接触すると波形を確認できる。オシロの操作は適宜行うこと。

数値やイラストはシグレント SDS1202 と付属プローブを元にしたものです

GND リードは接続しなくていいの？

N 相に GND リードを接続しても構いませんが、お勧めしません。電源アースが確実に接地されていれば、FG に触れても感電の恐れはなく接続の必要はありません。また、測定精度についても、今回は家庭用電源の波形観測が目的ですから、ショートするリスクを冒してまで精度を追及する必要はないと考えます。

家庭用電源 観測結果

GND リードを接続してもしなくても、ほぼ違いはありません。波形や測定値の違いは誤差の範囲と言えるでしょう。

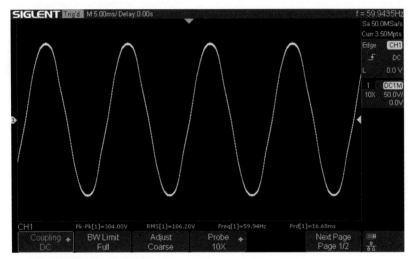

条件：GND リード未接続　　　結果：106.2Vrms、59.94Hz

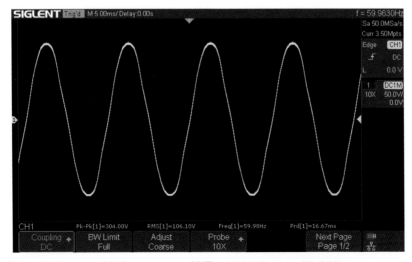

条件：GND リード接続　　　結果：106.1Vrms、59.98Hz

家庭用電源の品質

電気事業法第 26 条及び同法施行規則第 38 条に、家庭用電源の維持すべき電圧値は 101±6V 以内と定められています。周波数は値が定められていませんが、±0.3Hz が目標値とされているようです。

同じ電源を電圧計で測定すると 104Vrms 程度でした。オシロスコープの測定値は少し大きいようです。オシロスコープとマルチメータの精度を比べてみましょう。

オシロスコープ　　：シグレント社 SDS-1202X-E ：　±3.0%

マルチメータ　　　：MASTECH 社 MS2108A　　：　±(0.8% rdg + 3dgt)

オシロスコープは真値 100V を測定すると 100±3V の精度ということですが、マルチメータの精度表記はどう読めばいいのでしょうか。

測定器の精度

測定器の精度は以下の値を用いて表します。

・reading（リーディング）　　：読み取り値　　　rdg や rdng とも表記される

・digits（ディジット）　　　　：表示の最小値　　dgt や d とも表記される

・full scale（フルスケール）　：計測範囲の幅　　FS や f.s. とも表記される

デジタル式かアナログ式かで精度表記は異なります。

デジタル式

右表はデジタル電圧計の精度仕様の例です。
例えば、表の精度で真値 100V を測定した場合、
　rdg 誤差は、100 × 0.008 = 0.8 V
　dgt 誤差は、400V レンジの時 0.1V の為
　　　　　　3 × 0.1 = 0.3V
　トータル誤差は、0.8 + 0.3 = 1.1V
測定値は 100V の ±1.1V で 98.9 〜 101.1V の範囲となります。

レンジ	表示最小値	精度 Accuracy
4V	0.001V	±(0.8% rdg + 3dgt)
40V	0.01V	
400V	0.1V	
750V	1V	±(1% rdg + 4dgt)

アナログ式

アナログ電圧計は、精度 ±3.0% f.s. などの式で表されます。例えば、この精度で真値 100V を 120V レンジで測定した場合、
　f.s. 誤差は、120 × 0.03 = 3.6 V
測定値は 100V の ±3.6V で 96.4 〜 103.6V の範囲となります。

オシロスコープの電圧計としての測定精度

電圧測定の精度は一般的に

デジタル電圧計 ＞ デジタルオシロスコープ ＞ アナログ電圧計

の順で良いようです。もちろんデジタルオシロより精度の良いアナログ電圧計や、デジタル電圧計並みのデジタルオシロもあります。

そもそもオシロスコープは電圧波形を観測する装置ですが電圧計ではありません。オシロスコープでもデジタル電圧計のような使い方はできますが、DC ゲイン精度が数 % はあるため、多くのデジタル電圧計より精度が低いことを留意しておきましょう。

接地していない電圧計で家庭用電源を測定してもいいの？

AC 電源で動作する据え置き型のマルチメータもありますが、多くは乾電池で動作するポータブルタイプの電圧計です。ポータブルタイプはアースを接地せずに使いますが感電の恐れはないのでしょうか。

高電圧の測定が可能なポータブル機は「二重絶縁構造」になっており、漏電、感電の危険性が少なく、接地する必要がありません。もちろん二重絶縁といえど、定格を超えた入力をすると絶縁破壊が起きる可能性があり危険です。二重絶縁構造の測定器は、本体に「二重絶縁マーク」が記されています。

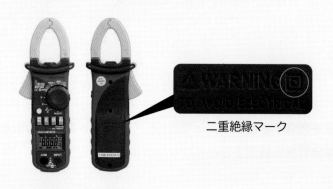

二重絶縁マーク

「AutoSetup」ボタンだけしか使ってなければ意識することはありませんが、オシロスコープは「トリガ」をきっかけに取り込んだ信号を表示しています。スチルカメラのコマ撮りのイメージです。トリガの設定によっていつシャッターを切るかが決まるのです。トリガがかからなければ信号を捉えることはできません。
オシロスコープを使いこなす上でトリガ設定に精通することは非常に重要なスキルです。

まずは、トリガ設定パネルの各ボタンの機能から学んできましょう。

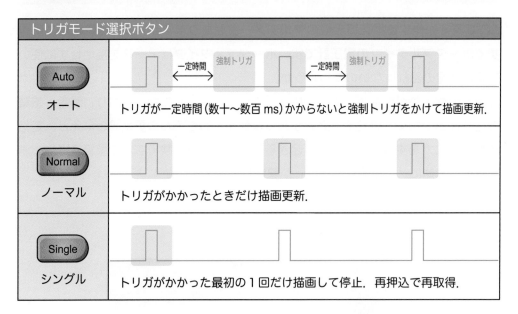

繰り返し現象を観測するときはノーマルもしくはオートを選択します。
一回限りの単発現象を観測するときはシングルを選択します。

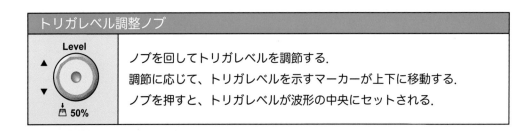

トリガモード「ノーマル」の使いどころ

シングルは波形を１回捉えるだけなので用途が分かり易いですが、ノーマルとオートの違いは何でしょうか？　違いを確認するために実験してみましょう。

「オート」と「ノーマル」の違いを確認 ①

1．校正信号を観測表示する。
2．「トリガレベル調整ノブ」を回してわざとトリガレベルを波形外に外す。
3．「Normal」モードにすると

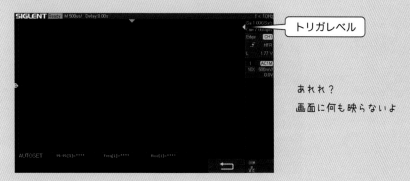

トリガレベル

あれれ？
画面に何も映らないよ

4．「Auto」モードにすると

あったあった！
波形は流れるけど

オートでは、波形が動いて安定しませんが表示することはできます。ノーマルでは波形が全く表示されません。つまり、オートはトリガがかからなくても波形を表示してくれるので、適切なトリガレベルを画面を見ながら調整できるのです。これだけだとノーマルは要らないように思えます。

では、どのような場合にノーマルを使えばいいのでしょうか？

以下の実験は、任意の信号を出力できる信号発生器（ファンクションジェネレータ）が必要です。お持ちでない方は参照ビデオをご覧ください。

「オート」と「ノーマル」の違いを確認 ②

1. 数百 m 秒程度の間隔を空けて現れる波形を観測表示する。
   例：1Vp-p、5Hz、duty：1% の矩形波
2. 「Auto」モードでは

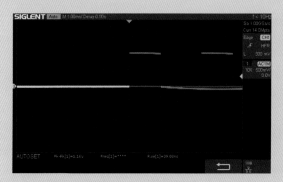

あれれ？
波形が出たり消えたり

3. 「Normal」モードにすると

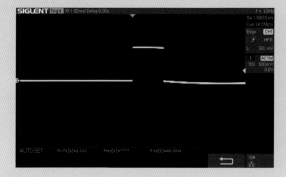

よかった
ちゃんと止まって見える

オートでは、数十〜数百 ms 間隔で強制トリガがかかってしまうので、表示が安定しません。ノーマルならトリガがかかったときだけ画面を更新するので、安定した描画が可能です。また、このような条件の波形は AutoSetup でも捕捉できません。

実験①と②の結果から、オートとノーマルの使い分けをまとめると、

トリガ条件がわからない場合、最初はオート・モードで観測対象の波形を見ながら、安定したトリガ条件を探します。オートで安定した波形が表示されない場合やトリガ条件が既にわかっている場合は、ノーマルを用いるようにすると良いでしょう。

前の確認実験でトリガがかかるイメージはつかめたでしょうか。

「トリガレベル」「トリガ位置」「トリガ点」と波形の関係は以下の図のとおりです。トリガレベルは電圧、トリガ位置は時間の単位になります。トリガ位置はトリガがかかった瞬間の原点を示すため「時間：0s」です。デフォルト表示では画面中央が0s です。

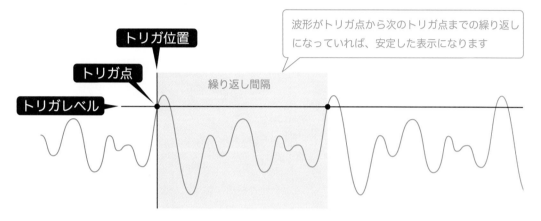

上記例のトリガ設定は、トリガタイプ：エッジ、スロープ：立上りですが、トリガレベルはそのままで、スロープ：立下りにすると、以下のように波形表示が少し移動します。違いが分かりますか？

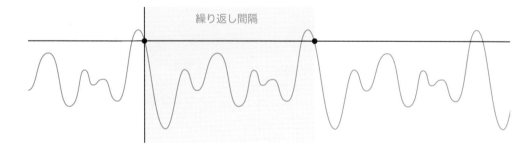

トリガレベルを下げると、波形がトリガ点から次のトリガ点までの繰り返しではなくなります。すると、トリガがかかる度に表示される波形が変わることになり、画面は安定しなくなります。

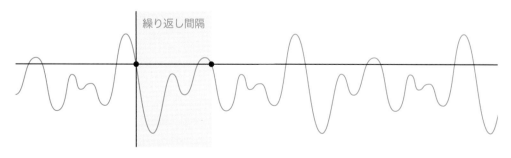

「12 画面表示内容」を再掲載します。

「トリガ位置」や「トリガレベル」など、トリガに関する表示を確認しておきましょう。

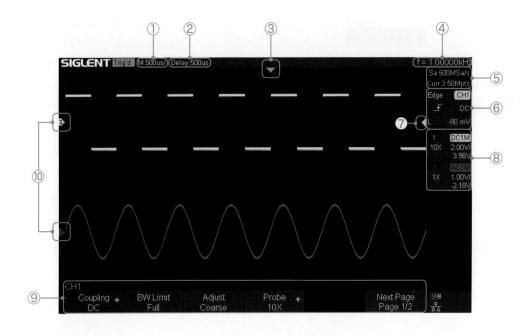

①	M 500us/	時間 /div	水平スケールノブ
②	Delay:500us	トリガ位置シフト時間	トリガ位置が画面中央の時は Delay：0
③	▼	トリガ位置	画面内のトリガ位置を示す
④	f = 1.00000kHz	計測周波数	トリガ Ch の周波数
⑤	Sa 500MSa/s	サンプリングレート	時間レンジや同時使用 Ch 数により可変
	Curr 3.50Mpts	メモリ長	1 画面分のメモリ長

例：SIGLENT 社　SDS1202X-E　　名称や形状は一例です。メーカーによって変わります。

⑥ トリガタイプ  トリガ Ch
スロープ　　　　　　DC　トリガ入力結合
　　　　　　　　　　-80 mV　トリガレベル電圧

⑦ 　　トリガレベル ：「トリガレベルノブ」で上下に移動

⑧ Ch 番号　　1　DC1M　入力結合
減衰比　10X　2.00V　電圧 /div：垂直スケールノブで調整
　　　　　3.96V　Ch レベル電圧：Ch 毎の表示位置　シフト電圧

　　　　　2　AC1M　Ch1 と同じ配置
　　　　　1X　1.00V
　　　　　-2.18V

⑨ 機能メニューエリア ：選択した機能ボタンにより、メニュー表示は切り替わる

⑩ 　　Ch レベル ：「垂直ポジションノブ」で上下に移動.
　　　　　　　　各 Ch の垂直表示位置を示す.

20 各種トリガ設定

トリガ設定メニューには、トリガタイプ、ソース Ch、トリガ結合や、トリガタイプに応じたスロープ、ホールドオフ時間などの設定項目が表示されます。

トリガタイプ

代表的なトリガタイプを紹介します。トリガタイプは他にも多くの種類があるので、名称や機能について詳しくはお使いのオシロスコープのマニュアルをご参照ください。

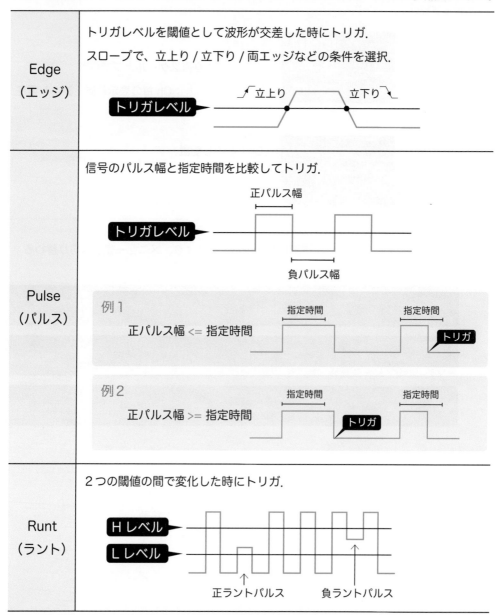

Edge （エッジ）	トリガレベルを閾値として波形が交差した時にトリガ. スロープで、立上り / 立下り / 両エッジなどの条件を選択.
Pulse （パルス）	信号のパルス幅と指定時間を比較してトリガ.
Runt （ラント）	2つの閾値の間で変化した時にトリガ.

トリガソース

トリガの対象となるトリガソースに設定できるのは一つの Ch だけです。
複数の Ch の信号に同期関係（整数倍の周波数）でなければ、トリガソース以外の
信号は静止できません。信号間に同期関係があれば、一番周波数の低い信号をトリ
ガソースにするとすべての波形が安定します。

■ Ch1：2kHz ◀トリガソース
■ Ch2：4kHz

Ch2 は、トリガソース Ch1 の整
数倍なので安定する。

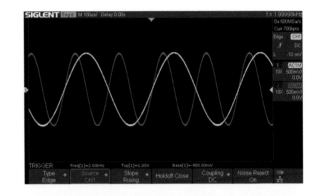

■ Ch1：2kHz ◀トリガソース
■ Ch2：5kHz

Ch2 は、トリガソース Ch1 の整
数倍ではないので安定しない。

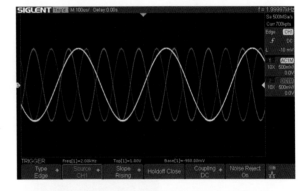

■ Ch1：2kHz
■ Ch2：4kHz ◀トリガソース

周波数が高い Ch2 をトリガソー
スにすると Ch1 は安定しない。

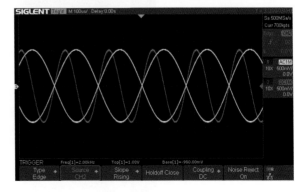

ホールドオフ機能

ホールドオフを使用すれば、不定期に起こるバースト波形を安定してトリガできます。 ホールドオフを使用しないと、バースト中のすべてのエッジでトリガがかかってしまいますが、ホールドオフを使用すれば、トリガがかかった後、ホールドオフ時間が経過するまでトリガはかかりません。

例えば、以下に示す繰り返しバースト信号で安定したトリガを得るには、ホールドオフ時間を 4ms 超過 55ms 未満に設定します。

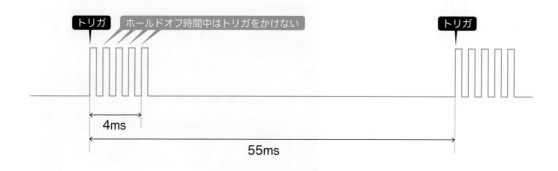

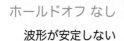

ホールドオフ なし
波形が安定しない

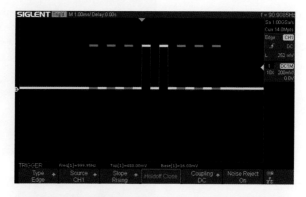

ホールドオフ あり
波形が安定する

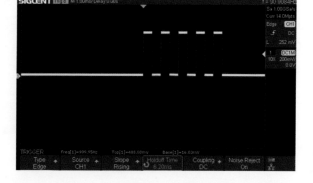

トリガ結合（トリガカップリング）

トリガ入力信号をフィルタリングしてトリガが適切にかかるような結合方式を選択します。デフォルトは DC 結合です。DC 結合で波形が安定しない場合に他の方式を試してみると良いでしょう。

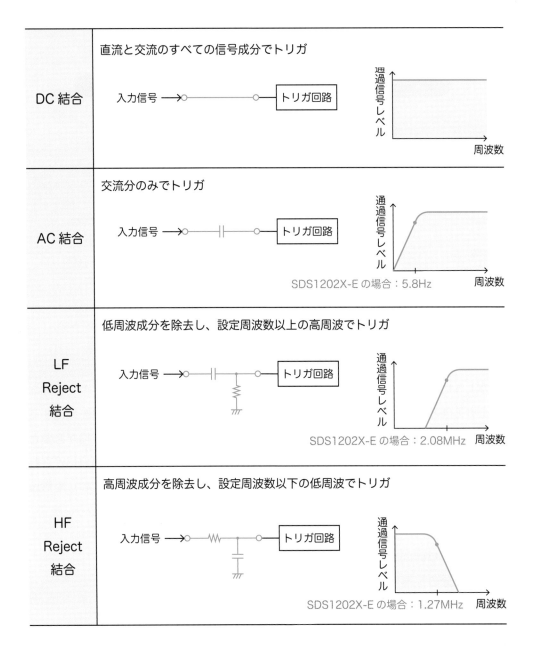

21 　帯域幅　矩形波の場合

> オシロスコープの帯域幅 ＝ 測定したい正弦波周波数 × 3

オシロの帯域幅の目安となる上記式は、入力波形が正弦波の時に当てはまる式です。しかし矩形波には当てはまりません。矩形波と必要な帯域幅はどのような関係があるでしょうか？　それには矩形波の組成を知っておく必要があります。

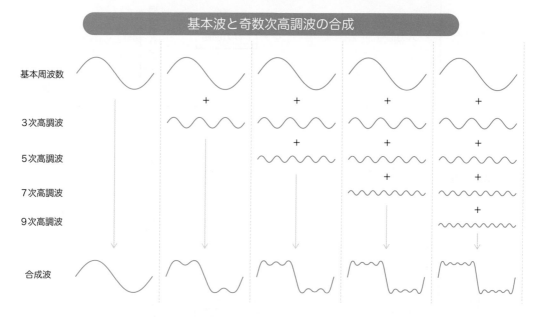

基本波と奇数次高調波の合成

基本周波数

3次高調波

5次高調波

7次高調波

9次高調波

合成波

このように、矩形波は複数の正弦波の合成で作り出すことができ、多くの正弦波を合成するほど矩形波に近づいていくことがわかります。つまり、矩形波を観測するためには、元の矩形波より何倍も高い周波数の正弦波を観測できる帯域幅が必要ということです。目安としては、矩形波の周波数の 10 倍の帯域幅があれば良いとされます。しかし、周波数が低くてもエッジの鋭い（立上り、立下りの急峻な）矩形波がありますから、矩形波の立上り時間から導き出す方法がより現実に即しています。

信号の立上り時間を基に、信号に含まれる周波数成分の最高周波数を求めることができます。この最高周波数がオシロに必要な帯域幅の目安になります。立上り時間は、信号の振れ幅の 10% から 90% もしくは 20% から 80% になるまでにかかる時間を指します。

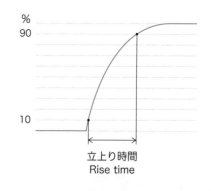

> 最高周波数 ＝ 0.5 / 測定したい矩形波の立上り時間

最高周波数をそのままオシロスコープの帯域幅とすると、測定誤差は 20% です。精度の良い測定が必要であれば、係数をかける必要があります。係数は応答フィルタータイプで異なり、測定誤差 3% 以内に抑える場合、ガウシアン型なら 1.9 倍、ブリックウォール型なら 1.4 倍します。例えば、立上り時間が 2.5ns の矩形波を、ガウシアン型オシロで測定誤差 3% 以内で観測したい場合、

帯域幅＝ 0.5 / 2.5ns = 0.5 / (2.5×10^{-9}) = 200×10^6 = 200MHz

200MHz × 1.9 = 380MHz となります。

応答フィルタータイプ別に、帯域幅と測定誤差の関係をまとめると以下になります。

最高周波数（Fmax）	0.5 / 信号立上り時間（10%〜90%） または 0.4 / 信号立上り時間（20%〜80%）	
応答フィルタータイプ	ガウシアン型	ブリックウォール型
帯域幅 Hz　誤差 20%	1.0 Fmax	1.0 Fmax
帯域幅 Hz　誤差 10%	1.3 Fmax	1.2 Fmax
帯域幅 Hz　誤差 3%	1.9 Fmax	1.4 Fmax
最低サンプリングレート Sa/s	帯域幅× 4	帯域幅× 2.5

最低サンプリングレートは代表値で、係数は機種によって異なります。

これはアジレント社が推奨する計算式です。ガウシアン型とブリックウォール型の両方に対応しているので本書で紹介しました。この式で算出される値はおおよその目安をお考えください。各メーカーによって選定基準が異なるため、使用機種に合わせて各メーカー推奨の計算式をご参照ください。

Q　帯域幅 200MHz のガウシアン型オシロで、測定誤差 3% 以内で観測できるのは立上り時間何 s の信号までか？

立上り時間＝ 0.4 / 105.3 × 10^6 = 3.8×10^{-9} = 3.8ns（20%〜80%）
立上り時間＝ 0.5 / 105.3 × 10^6 = 4.8×10^{-9} = 4.8ns（10%〜90%）
Fmax = 200MHz /1.9 = 105.3 ×10^6

オシロスコープの帯域幅を実測して確認してみましょう。使用したのは以下の装置です。

装置名	型番	帯域幅	サンプリングレート
オシロスコープ	SDS1052DL	：50MHz	，500MSa/s
プローブ	PB470	：70MHz	
ファンクションジェネレータ	SDG2122X	：120MHz，1.2GSa/s	

ファンクションジェネレータで、正弦波、1Vp-p の出力波形の周波数を変化させて、オシロスコープで振幅を測定すると、以下のような結果になりました。

入力周波数 (Hz)	1k	5k	10k	50k	100K	1M	5M	10M	50M	100M
測定電圧 (Vp-p)	1.00	1.02	1.02	1.02	1.02	1.01	0.99	1.00	0.82	0.6

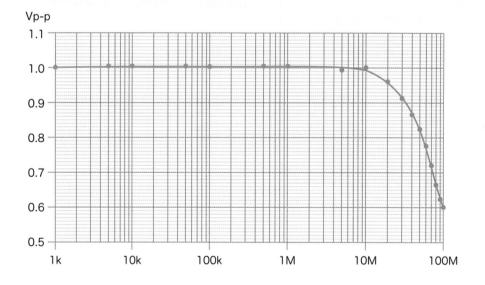

実測試験の周波数特性グラフはきれいなガウシアンカーブを描き、p.56 で説明した「応答フィルターのタイプを判別する方法」でも「ガウシアン型」に分類されました。

機種名	帯域幅	立上り時間	帯域幅 × 立上り時間	応答フィルター
SDS1052DL	50MHz	7ns	0.35	ガウシアン型

SDS1052DL は、帯域幅 50MHz で約 80％、倍の 100MHz でも約 60％の減衰率なので成績優秀と言えるでしょう。

実測試験で起きた失敗例を紹介しておきます。オシロスコープとファンクションジェネレータの接続方法が不適切で以下のようなグラフになってしまいました。

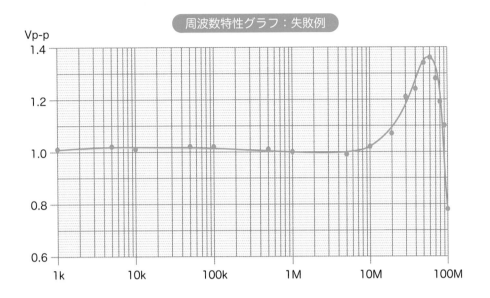

周波数特性グラフ：失敗例

原因は、ワニロクリップ付きの BNC ケーブルを使ったためです。プローブ側は GND リードを使わず、フックチップを外して先端の GND 端子にワニロクリップを噛ませていたのですが駄目でした。BNC ケーブルのインピーダンスの不整合が原因で高周波域で波形を歪ませてしまったのです。

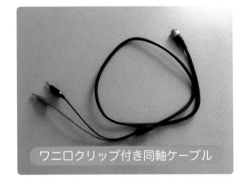

ワニロクリップ付き同軸ケーブル

プローブと BNC 端子を直結できるアダプタを使うと正しく測定できました。アダプタは、多くのオシロスコープでプローブ用アクセサリとして付属しています。

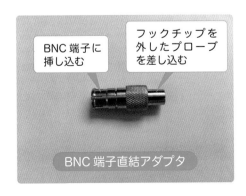

BNC 端子に挿し込む

フックチップを外したプローブを差し込む

BNC 端子直結アダプタ

23　サンプリングレート

サンプリングレートは「信号のデジタル化」で説明したように、信号を 1 秒間に何回取り込むかを表した数字です。単位は Sa/s（サンプリング / 秒）です。ガウシアン型であれば、サンプリングレートは帯域幅の 4 倍以上あれば良いとされています。

$$\text{サンプリングレート} = \text{帯域幅} \times 4$$

例えば、帯域幅 100MHz のオシロで観測できる正弦波の周波数は以下式より約 33MHz になります。

$$\text{帯域幅} = \text{測定したい正弦波周波数} \times 3$$

帯域幅の 4 倍でサンプリングレートが 400MSa/s とすると、33M 周期を 400M 回サンプリングすることになり、1 周期約 12 回のサンプリングです。正弦波を観測するには十分な回数ですね。

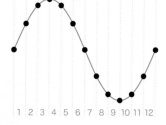

矩形波の立上り時間とサンプリングレートの関係も調べてみましょう。例えば、前回の計算で立上り時間 2.5ns の測定に必要な帯域幅は 380MHz でした。サンプリングレートはその 4 倍で約 1.5GSa/s です。これは十分なサンプリングレートと言えるでしょうか？　1.5GSa/s は、0.67ns 間隔なので、図で表すと以下のようになります。サンプリングのタイミングがズレても 2.5ns の立上りを観測するには問題なさそうです。

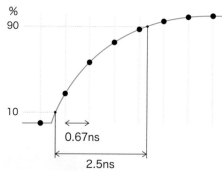

偽の波形に注意

波形の周期よりも遅いサンプリングレートで観測すると、別の波形が見えてしまうことがあります。これはエイリアシング（エリアシング）と呼ばれる現象で、一見正しいように見える偽の波形なので注意が必要です。

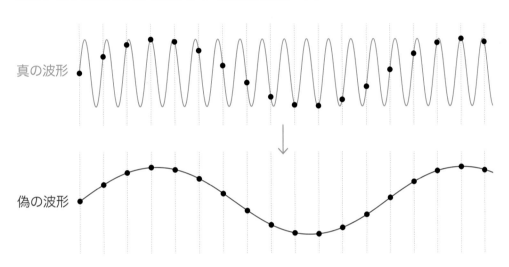

2種類のサンプリング手法

デジタルオシロスコープのサンプリング手法には、実時間サンプリングと等価時間サンプリングの2種類あります。それぞれの違いは以下のとおりです。

実時間サンプリング　　：文字通り、実時間で取得した信号をそのまま表示．単発信号を捉えることができる．

等価時間サンプリング：繰り返し信号を何度も取得し、実時間より細かくサンプリングすることができる。繰り返し波形の観測に限る。

実時間サンプリングと等価時間サンプリングのイメージは下図のように表せます。

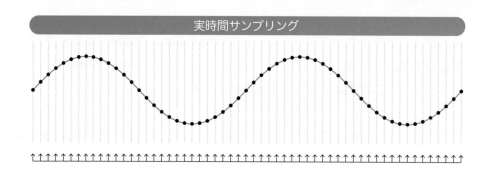

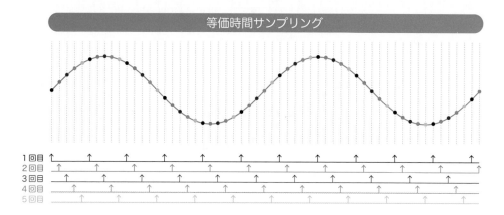

等価時間サンプリングは、遅いサンプリングレートでも繰り返しタイミングをずらして複数回取得することで、実時間サンプリング並みか、それ以上の精度を実現する方法です。

上記例は、サンプリングレートが1/5でも、5回取得すれば実時間サンプリングと同じ精度の波形が得られることを表しています。

デジタルオシロスコープは、搭載されたサンプリング機能によって以下のタイプに分類できます。
・実時間のみ搭載
・等価時間のみ搭載
・実時間と等価時間の両機能を搭載
実時間のみのタイプは「リアルタイム・オシロスコープ」、等価時間のみのタイプは「サンプリング・オシロスコープ」と呼ばれます。

最大サンプリングレートで使えるとは限らない

サンプリングレートは Ch 数で分割される場合があります。例えば、仕様で最大 1GSa/s であっても、それは 1Ch だけ使った場合で、2Ch 同時に使うとそれぞれ 500MSa/s に、4Ch 同時なら 250MSa/s になってしまう機種があります。

使用 Ch に関係なく常に最大サンプリングレートで動作できる機種もあるので、仕様書をよく確認しておきましょう。

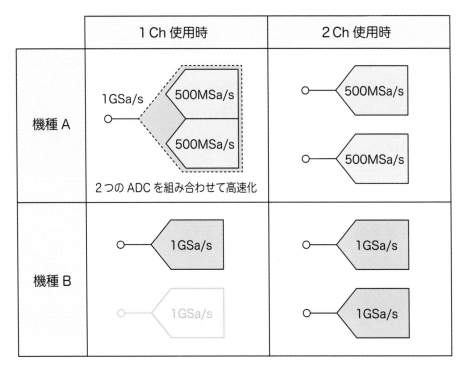

デジタルストレージオシロスコープは、1画面分の波形データを一旦メモリに取り込んでから表示します。そのため、トリガ点よりも前の現象を表示することができるのです。メモリは多いほど良いのですが、サンプリングレートとの関係で、以下の計算式による容量のメモリが実装されています。

> メモリ長 ＝ サンプリングレート × 1画面分の表示時間

メモリ長はメモリに記録できるポイント数のことで、14Mpts は 14,000,000 点を取り込めることを意味します。例えば、最高サンプリングレートが 1GSa/s、メモリ長が 14Mpts のオシロスコープの場合は、

$$\frac{14 \times 10^{6}}{1 \times 10^{9}} = 14 \times 10^{-3} = 14\text{ms}$$

となり、1画面分の表示時間が 14ms ということです。オシロの画面の時間軸が14 マスあるとすると、1ms/div の時間レンジです。

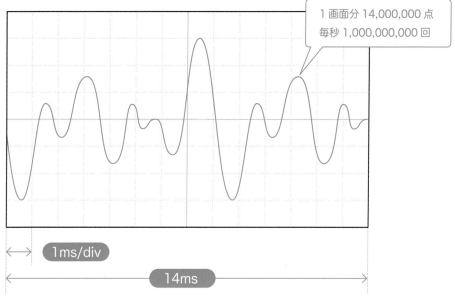

1 画面分 14,000,000 点
毎秒 1,000,000,000 回

1ms/div

14ms

例：SIGLENT 社　SDS1202X-E

表示時間 14ms や時間レンジ 1ms/dev は、最高速度でサンプリングしメモリを使い切った場合です。では、他の時間レンジではどうなるのでしょうか？

多くのオシロスコープは時間レンジが長い場合はサンプリングレートも追従して遅くなるので記録できる時間は長くなります。逆に時間レンジが短い場合はメモリを使い切らずに済むことになります。

> **Q** お使いのオシロスコープで、最高サンプリングレートとメモリ長から計算した時間レンジと、その前後の時間レンジをそれぞれ調べてみましょう。

	時間レンジ s/div	1画面分の 表示時間 s	サンプリング レート Sa/s	メモリ長 Pts
例：SDS1202	1us	14us	1G	1.4M
	1ms	14ms	1G	14M
	2ms	28ms	500M	14M
お使いのオシロ				

メモリを使い切らない

サンプリングレートを遅くする

すべての時間レンジで、「メモリ長 ＝ サンプリングレート × 一画面分の表示時間」の関係があることがわかるでしょうか。

仕様にあるメモリ長より計算値が大きくなった場合は、その時間レンジでは画面上に波形の表示されない部分が現れるはずです。

なお、「ロールモード」では上記式が当てはまりません。ロールモードは、メモリに1画面分の取り込みが完了してから波形を表示するのではなく、取り込んだ値を即時表示するからです。波形がスクロールして表示されるのはロールモードです。

Roll ボタン	
Roll	ロールモードの ON/OFF を切り替える.

25　参考資料

本書の解説は一旦ここで終了します。まだまだ使いこなせるレベルではないかもしれませんが、オシロスコープに対するハードルは低くなったのではないでしょうか。続編ができればまたお会いしましょう。

オシロスコープメーカーが多くの有用な情報をインターネット上に公開してくれているので活用しない手はありません。リンク URL を紹介しておきます。

横河レンタ・リース

デジタルオシロスコープの
基礎と概要（全3回）

オシロスコープ・ユーザのための
プローブの使いこなし（全7回）

テクトロニクス

オシロスコープのすべて

プロービングで失敗しないための
オシロスコープ応用講座

テレダイン・ジャパン

デジタル・オシロスコープ入門
ジッタ入門
プローブ入門
シグナル・インテグリティ入門
シリアル・インタフェース入門

商品紹介

アドウィンではシグレント社のオシロスコープや信号発生器、マルチメータを取り扱っています。高コストパフォーマンスな製品群です。弊社ホームページに掲載していない製品も取り扱っておりますので、御見積やご購入をご希望の場合はお気軽にお問い合わせください。

SDS1052DL+

帯域幅	：50MHz
リアルタイムサンプリングレート	：最大 500MSa/s
等価時間サンプリングレート	：最大 50GSa/s
チャネル数	：2ch
メモリ長	：30kpts

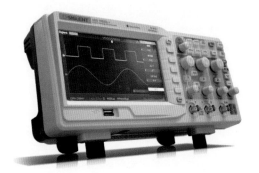

SDS1202X-E

帯域幅	：200MHz
リアルタイムサンプリングレート	：最大 1GSa/s
チャネル数	：2ch
メモリ長	：14Mpts

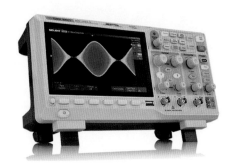

SDS1204X-E

帯域幅	：200MHz
リアルタイムサンプリングレート	：最大 1GSa/s
チャネル数	：4ch
メモリ長	：14Mpts

SDS5104X

帯域幅	：1GHz
リアルタイムサンプリングレート	：最大 5GSa/s
チャネル数	：4ch
メモリ長	：250Mpts

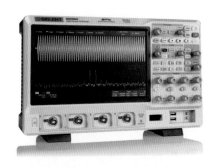

デジレント社の USB 総合計測ツール
Analog Discovery 2

- 2ch オシロスコープ (14bit100M サンプル / 秒 ,30MHz)
- 2ch ファンクションジェネレータ (±5V,14bit,100M サンプル / 秒 ,20MHz)
- AWG 信号出力ステレオオーディオアンプ使用 (ヘッドホン or スピーカ)
- 16ch ロジックアナライザ (3.3VCMOS,100M サンプル / 秒)
- 16ch パターンジェネレータ (3.3VCMOS,100M サンプル / 秒)
- 16ch 仮想デジタル IO(ボタン , スイッチ ,LED)(ロジックの勉強用)
- ２入力 / 出力ディジタルトリガー (マルチメータとリンク)
- 1ch 電圧計 (AC,DC,±25V)
- ネットワークアナライザ対応レンジ：1Hz~10MHz
- スペクトラムアナライザ noisefloor, SFDR, SNR, THD, 他
- ディジタルバスアナライザ SPI, I²C, UART, Parallel
- ±5VDC 電源

「Analog Discovery 2」は単体では操作できず、USB 接続された PC にアプリケーションソフト 「WaveForms」をインストールして PC から操作します。オシロスコープ単体としての機能は多くないのですが、本体サイズは約 80mm 角のコンパクトな設計で、信号発生マルチ計測器として非常に使い勝手が良い製品です。

ノート PC との相性が良く、マイ測定器としていつでも使えるので電気・電子工学系の学生におすすめです。波形のキャプチャや生データを出力できるので、レポートや資料作成に大活躍してくれることでしょう。

オシロスコープ超入門

２０２０年 　５月 　１日 　初版 第１刷 発行
２０２１年 　１月30日 　　　　第２刷 発行
２０２１年 　５月 　１日 　　　　第３刷 発行
２０２１年 　７月20日 　　　　第４刷 発行
２０２２年 　１月20日 　　　　第５刷 発行
２０２２年 　３月20日 　　　　第６刷 発行
２０２２年 　５月20日 　　　　第７刷 発行
２０２３年１２月 　１日 　　　　第８刷 発行

著　　者　　測定器学習研究委員会
発行者　　答島　一成
発行所　　株式会社アドウィン
　　　　　　　広島市西区楠木町 3-10-13
　　　　　　　TEL：082-537-2460（代表）
　　　　　　　FAX：082-238-3920
　　　　　　　E-mail：hanbai@adwin.com